신경생물학과
인간의 자유

Liberté et Neurobiologie
by John Searle

Copyright ⓒ GRASSET & FASQUELLE, Paris, 2004
Korean Translation Copyright ⓒ KUNGREE PRESS, 2010
All rights reserved.

This Korean edition was published by arrangement with
Editions GRASSET & FASQUELLE(Paris)
through Bestun Korea Agency Co., Seoul.


이 책의 한국어판 저작권은 베스툰 코리아 에이전시를 통해
저작권자와의 독점 계약으로 궁리출판에 있습니다.
저작권법에 의해 한국 내에서 보호를 받는 저작물이므로
무단전재와 복제를 금합니다.

# 신경생물학과 인간의 자유

자유의지, 언어, 그리고 정치권력에 관한 고찰

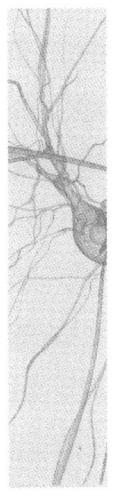

존 설 | 강신욱 옮김

차례

**머리말** ──── 철학, 그리고 기본적 사실　　　　　　7
**1** ──── 신경생물학적 문제로서의 자유의지　　　55
**2** ──── 사회적 존재론과 정치권력　　　　　　113


옮긴이의 말　　　　　　　　　　　　　　153
찾아보기　　　　　　　　　　　　　　　160

**• 일러두기**
본문에서 저자 주는 1, 2, 3 ……로, 역자 주는 i, ii, iii ……로 표기하였다.

**머리말**

---

# 철학,
# 그리고 기본적 사실[1]

**1** ▪   이 도입부의 초기 버전에 대해 로멜리아 드래거(Romelia Drager)와 다그마 설(Dagmar Searle)이 해준 비평은 큰 도움이 되었다. 색인을 준비해 준 제니퍼 후딘(Jennifer Hudin)에게도 감사한다.

이 책은 특이한 과정을 거쳐 출간되었다. 이 얘기와 함께 머리말에서는 책 내용이 상위의 연구 프로젝트 내에서 어떤 위치를 차지하는지 설명할 것이다.

  2001년 늦은 봄 소르본 대학에서 나는 일련의 강연을 했었는데 이 중에는 언어와 정치권력과 같은 일반적 주제에 대해 대중을 상대로 불어로 진행한 강연도 있었고 소규모 그룹을 대상으로 영어로 진행한 강연도 있었다. 여러 단체로부터 후원받았으며 강연의 형식이나 내용은 강좌에서 토론식 세미나까지, 그리고 자유의지 문제에서부터 와인 테이스팅의 기호학에 이르기까지 각양각색이었다.

 이후 프랑스에서, 정치권력에 관해 불어로 진행한 강연과 자유의지에 대해 영어로 진행한 강연을 함께 묶어 출판해도 좋으냐는 제의가 들어왔다. 그때만 해도 그저 저널이나 혹은 유사한 매체에 게재되는 정도로만 생각했기 때문에 나는 별 생각 없이 동의했다. 그런데 편집자인 패트릭 사비단Patrick Savidan은 놀랍게도 두 강연을 '자유 그리고 신경생물학Liberté et neurobiologie'[2]이라는 제목의, 작지만 제법 멋진 불어판 단행본으로 만들어냈다. 출판 사실을 내가 안 것은 버클리에 있는 집으로 책이 도착하고 나서이다. 난생처음 나 자신이 저술한지도 몰랐던 책을 갖게 된 것이다. 사비단은 영어로 된 강연을 불어로 훌륭히 번역해주었고 불어 강연 원고를 준비할 때에는 안 에노Anne Henault와 나탈리 반 복스텔Natalie van Bockstaele로부터 도움을 많이 받았다.

 불어판 출간에 못지않게 놀라운 일이 또 일어났다. 독일어와 스페인어 그리고 이탈리아어와 중국어로도 책이 번역 출판된 것이다. 독일에서는, 신경생물학적 사실들에도 불구하고 인간의 자유의지가 진정으로 가능한 것인지에 대한 공론이 한창 치

---

**2**   John R. Searle, *Liberté et neurobiologie: Réflexions sur le libre arbiter, le langage et le pouvoir politique*, ed. and trans. Patrick Savidan(Paris: Bernard Grasset, 2004).

열하던 때와 책의 출판 시점이 우연히 맞물리면서 철학 분야의 저작물은 좀체 다루지 않던 일간지들에도, 일부 상당히 부정적인 평가를 포함해서 서평이 실렸다.

이런 일이 있은 후 콜롬비아 대학 출판부로부터 '영역본'을 내자는 제안을 받았다. 그렇지만 영어로 작성된 파리에서의 강연노트 원본이 내게 이미 있었기 때문에 불어판을 다시 영어로 번역할 필요는 없었다. 또한 파리에서의 강연 이후 몇 년이 지나는 동안 '언어와 권력'의 내용 중 일부를 수정했는데, 2001년 당시의 것에 비해 지금의 내 견해를 보다 잘 반영하고 있다고 판단해서 개정된 이 내용을 '사회적 존재론과 정치권력'[3]이라는 제목으로 이 책에 싣게 되었다.

책에 소개된 강연들 중 하나는 자유의지와 신경생물학 문제를, 다른 하나는 언어와 사회적 존재론 및 정치권력의 문제를 다룬 것이어서 서로 별다른 관련성을 찾기가 어려울 것이다. 둘의 관련성은 저자의 의도에서조차 뚜렷한 것이 아니었다. 강연을 준비할 당시만 해도 두 강연이 하나로 묶여 출판되리라고는 전혀 생각지 못했으니 말이다. 그렇지만 두 강연 모두 보다 큰

---

**3** 이 글은 애초 영문으로 F. Schmitt 편집의 *Socializing Metaphysics: The Nature of Social Reality*(Lanham, Md. : Rowman and Littlefield, 2003), 195~210, 에 실렸다.

철학적 기획의 일부를 구성하고 있다. 이 기획을 설명하는 것은 저자가 강연을 통해 전달하고자 했던 바를 이해하는 데 도움이 될 것이라는 점에서도 의미 있다고 본다. 이후의 서론에서는 철학에서의 중요한 주제 몇 가지를 간략하고 압축적인 방식으로 다룰 것인데 이와 관련해서 같은 주제를 좀더 상세하게 다룬 저자의 다른 글들을 참고할 수 있도록 소개할 것이다.

# 01

## 철학, 그리고 기본적 사실

 현대 철학에서 우선적으로 관심 두는 질문이 하나 있다. 여기에 실린 두 강연도 부분적이나마 이 질문에 답하고자 하는 시도들이다. 질문을 간략히 형식화하면 다음과 같다. 우리 인간은 어떻게 해서 우주와 정합적인 존재일 수 있는가? 이를 좀더 길게 표현하면 다음과 같을 것이다. 우주의 근본 구조에 대해 우리는 상당히 잘 정립된 개념을 갖고 있다. 빅뱅으로 우주의 기원을 그럴듯하게 설명할 수 있으며, 우주의 구조에 관한 물리화학적 사실에 대해서도 꽤 많은 것을 알고 있다. 화학결합의 본질도 이해하게 되었으며 지난 50억 년간의 진화를 거쳐 지구라는 이

작은 행성에 인간이 어떻게 출현하게 되었는지에 관해서도 적지 않은 지식을 갖게 되었다. 우주가 입자(혹은 물리학에 의해 궁극적으로 밝혀지게 될 어떤 구성요소)로 이루어져 있다는 것, 그리고 힘이 작용하고 있는 장場, field 안에 이들 요소가 놓여 있으면서 모종의 체계를 구축한다는 것을 알고 있다. 탄소를 기초로 수소, 질소, 산소를 추가로 가지는 분자체계[i] 가 지구에서는 생명진화의 기질이 된다. 우주의 기본 구조에 관한 이러저러한 사실을 간략히 '기본적 사실'이라고 하자. 이들 중 현재의 논의와 관련해서 가장 중요한 것은 물질에 대한 원자이론과 생물학에서의 진화론이다.

그런데 여기에는 한 가지 흥미로운 긴장관계가 내재해 있다. 기본적 사실과 인간이 스스로에 대해 갖고 있는 특정한 관념을 동시에 만족시키는 것이 결코 쉽지 않다는 것이다. 인간이 자신을 파악하는 시각 중 일부는 문화적 유산에 기인하지만 그 대부분은 사실 경험으로부터 얻어진다. 우리는 스스로를 의식과 자유의지를 가진, 지향적·합리적·사회적·제도적·정치적·언어적·윤리적 존재라고 여긴다. 이제 문제는, 의식을 가지고 있고 의미를 생산해내며 자유롭고 합리적인 존재처럼 여겨지는 우리의 자아상과, 마음이나 의미나 자유나 합리성 따위는 전혀

---

[i]　유기 화합물의 체계

가지고 있을 것 같지 않은 냉혹한 물질입자로만 구성된 우주라는 존재를 어떻게 양립시킬 수 있느냐 하는 것이다. 우리 자신을 규정짓는 것으로 파악했던 어떤 특성, 예컨대 자유의지 같은 것을 포기해야 할지도 모른다. 이런 유의 질문은 저자 개인의 연구주제로서뿐만 아니라 당분간 향후 철학에서 다루게 될 의제의 방향을 결정지을 중요한 것이라고 생각한다. 앞의 포괄적 질문은 좀더 세분해볼 수 있는데 이 중 몇몇은 다른 지면에서 다룬 적이 있다.

## 1  의식

의식은 정확히 무엇이며 앞에서 언급한 기본적 사실과는 어떻게 조화될 수 있을까? 나는 '의식'을 감각이나 느낌 혹은 자각의 주관적이고 질적인 상태라고 정의한다. 각성경험은 전형적으로 의식적인 것이지만 꿈 또한 일종의 의식현상이다. 항상 그런 것은 아니나 의식적 상태는 대체로 지향성intentionality을 가진다.[ii] 의식이 전적으로 뇌의 신경활동에

---

[ii] '지향성'은 19세기 말 독일의 철학자 브렌타노(F. Brentano)가 마음 혹은 정신현상의 특성을 설명하기 위해 도입한 용어로서 현상학에서 내재와 초월의 문제, 언어학에서 단어와 지칭되는 대상 간의 관계 문제를 다룰 때 핵심이 되는 개념이다. 심리철학에서의 용법은 본문에 비교적 자세히 나와 있다.

의해 발생하고 뇌에 의해 실현된다고 하는 지적은, 의식이 어떻게 해서 기본적 사실과 모순되지 않을 수 있는가를 묻는 질문에 대한 간략한 답변이다. 그렇지만 심신 문제[mind-body problem]를 이와 같이 접근해서는 철학적으로 어려운 여러 가지 문제에 봉착하게 된다. 의식과 지향성의 관계는 무엇이며, 의식이 어떻게 인과적으로 기능해서 신체를 움직일 수 있느냐는 것 등은 그 예이다. 신경생물학적으로도 난해한 과제를 남기는데, 뇌가 정확히 어떻게 의식경험을 야기하는지 그리고 이런 경험은 뇌에 의해 어떻게 실현되는지 등이다. 철학자에게 주어진 과제 중 하나는 이와 같은 종류의 문제를 신경생물학적인 실험을 통해 검증할 수 있는 형태로 만드는 것이다. 내가 알기로, 이러한 연구는 이미 시도되고 있고 의식의 본질을 맹렬히 추구하는 신경생물학 분야에서 어느 정도 진척을 보이고 있다.[4]

---

**4** ▪ 의식에 관한 문제 및 이와 관련된 지향성의 문제를 여러 작업을 통해 논의해 왔다. 그 중 몇 가지를 소개하면 다음과 같다.

*Minds, Brains and Science*, The 1984 Reith Lectures(London: British Broadcasting Corporation, 1984); (London: Penguin, 1989); (Cambridge, Mass.: Harvard University Press, 1985).

*The Rediscovery of the Mind*(Cambridge, Mass.: MIT Press, 1992).

*The Mystery of Consciousness*(New York: A New York Review Book, 1997); (London: Granta Books, 1997).

*Mind: A Brief Introduction*(New York: Oxford University Press, 2004).

## 2 | 지향성

지향성에 대해서도 유사한 질문이 가능하다. 그런데 철학자나 심리학자가 '지향성'이라는 말을 쓸 때 그들이 의중에 두고 있는 것은, 예컨대 "영화를 보려고 의도한다"라고 할 때의 '의도'와 같은 일상적 용법에서의 것과는 달리 어떤 형태의 정향성directedness 내지 관함aboutness의 의미이다. 영화를 보려고 의도하는 것에 따르는 믿음, 바람, 희망, 두려움, 호, 불호, 지각 등은 모두 지향적 현상들이다. 지향성과 관련해서 철학자들이 고심하는 특별한 문제는 뇌를 구성하고 있는 평이한 세포체계가 어떻게 해서 '무언가에 관한' 것이 될 수 있으며 또 세포체계를 넘어서는 무언가를 지칭할 수 있냐는 것이다. 내가 볼 때 지향성을 불가사의한 무엇으로 여기게 되는 이유는, 목마름이나 배고픔, 지각이나 의도적 행동 같은 구체적 형태의 지향성이 일상생활이나 더 나아가 우주 안에서 어떻게 기능하는지를 묻는 일련의 한정된 질문들로 대체하지 않고 지향성을 그저 매우 커다란 문제로만 다루려 하기 때문이 아닌가 싶다. 논리적/철학적 질문(이를테면, 지향성의 논리적 구조는 무엇인가?)과 생물학적 질문(이를테면, 지향적 의식상태를 야기하는 뇌의 과정은 무엇인가? 뇌에 의해서 어떻게 실현되는가? 어떻게 작용하는가? 인간과 동물에서 각각 어떻게 발달해왔는가?)은 분리해서 생각해볼 수 있다.[5]

인간을 비롯한 사회적 동물에서 발견되는 특별한 종류의 지향성으로서 '집단 지향성'이라고 내가 명명한 것이 있는데, 개체들이 서로 협력하며 공통의 지향성을 공유하는 경우에서 드러나는 지향성이다. 이때의 지향성은 일인칭 단수(내가 의도한다, 내가 믿는다, 내가 원한다)가 아닌 일인칭 복수(우리가 의도한다, 우리가 믿는다, 우리가 원한다) 형식으로 표현될 것이다.

## 3   언어

의식이나 지향성처럼 다른 종의 동물과 공유하는 특성 외에 인간에게는 문장이나 발화를 통해 의미라고 하는 파생된 형태의 지향성을 만들어내는 특별한 능력이 있다. '의미'란 정확히 무엇인가? 의미가 어떻게 해서 단어로 하여금, 입을 통해 발성되는 소리이거나 종이 위에 쓰여지는 기호에 불과한 단어란 것으로 하여금 사물이나 사건 혹은 세상사를 지칭할 수 있게 하는 것일까? 이 문제는 지난 한 세기 동안 언어철학에서의 주요 관심사였는데 이 기간의 두드러진 철학적 성과물 중 아마 대부분이 이 분야에서 성취된 것이라 해도 과언

---

**5**  •  더 자세한 내용은 저자의 *Intentionality: An Essay in the Philosophy of Mind*(Cambridge University Press, 1983)을 보기 바란다.

이 아닐 것이다. 지난 세기의 언어철학에서 결함 하나를 찾자면, 언어철학이 충분히 자연주의적이지 못했다는 점이다. 언어에 대한 일반적인 접근법으로서 내가 옹호하는 방식은 언어를 생물학적으로 좀더 기본적 형태를 갖는 지향성의 발현 내지 확장으로서 이해하자는 것이다. 언어를 인간 생물학의 일부분이 아닌 양 취급하는 것은 옳지 않다.[6]

## 4   합리성

만약 어떤 동물이 의식이나 지향성 그리고 언어를 가지고 있다면 그 동물은 이미 합리성Rationality의 제약을 받고 있는 것으로 봐야 할 것이다. 그 제약은 지향성이나 언어의 구조에 내재해 있다. 의식이 없는 동물은 지향성이나 언어를 가질 수 없다. 합리성이라는 것이 언어나 마음에 보태질 수 있는 어떤 독립된 실체로서의 능력은 아닌 것 같다. 오히려 지향성이나 언어 속에 내재해 있는 구조적 특성으로서, 지향적

---

[6] 언어철학을 논하고 있는 저자의 책 몇 권을 소개하면 다음과 같다.
*Speech Act: An Essay in the Philosophy of Language*(Cambridge: Cambridge University Press, 1969).
*Expression and Meaning: Studies in the Theory of Speech Acts*(Cambridge: Cambridge University Press, 1979).
*Intentionality: An Essay in the Philosophy of Mind*.

상태나 언화행위speech acts 모두 합리성의 제약을 받을 수밖에 없다. 이에 대해서는 나중에 좀더 얘기하겠다.

기본적 사실과 우리 자신이 어떻게 서로 양립 가능한 존재일 수 있는가를 묻는 질문에 답하기 위해서는 합리성에 관한 설명이 불가피하다. 합리성에 대한 전통적이고 통상적인 설명은 결정이론[iii]으로부터 정교한 수학적 표현을 차용하고 있는데, 이러한 설명 방식은 여러 측면에서 부족하다고 생각한다. 특히 이 설명은, 언어를 가짐으로 인해 획득되는, 인간 합리성의 고유한 특질을 간과하고 있다. 인간은 언어를 사용함으로써 행위에 대한 욕구 외적 이유desire-independent reasons를 만들어낼 수 있다. 모든 종류의 언화행위, 예를 들어 진술을 하거나 약속을 하는 등의 행위는 다양한 종류의 책임과 의무를 생성해낸다. 사회구조로부터도 많은 종류의 책임, 요구, 의무 따위들이 부과되는데 이들은 합리적 행위자rational agents에게 행위를 해야 하는 욕구 외적 이유로 받아들여지곤 한다.[7]

자동차 유리에 끼워진 주차딱지를 발견하거나 파티초대에 응

---

[iii] • 결정이론에 의하면, 불확실한 상황에서 어떤 결과가 얻어질 예측확률과 해당 결과의 효용성을 고려할 때 기대효용이 가장 높은 행위를 취하는 것이 결정자로서의 '합리적' 선택이다.

[7] • 합리성에 대한 더 깊은 논의는 *Rationality in Action*(Cambridge, Mass. : MIT Press, 2001)을 보라.

하거나 배심원으로 출석할 것을 요구받는 것 등이 무엇을 의미하는지 생각해보자. 이런 상황에서 사회가 작동할 수 있는 것은 사람들이 이를 행위에 대한 욕구 외적 이유로 받아들이기 때문이다. 사회적 제재에 의해 유지되는 것으로 생각하기가 쉽지만 그것은 잘못된 해석이다. 제재만이 유일하게 힘을 발휘하는 것으로 여기는 이들이 간과하는 것은, 제재에 대한 승인 자체가 욕구 외적 행동 이유에 해당하는 선행 시스템을 받아들이는 것에 의존하고 있다는 점이다.

## 5 자유의지

합리성에는 자유의지가 전제되어야 한다. 합리성으로 인해 차이가 만들어질 수 있어야 할 것이기 때문이다. 합리적 행위와 비합리적 행위는 분명히 다른데 이 같은 차이가 가능하기 위해서는 합리성이 작동할 수 있는 공간이 필요하다. 합리성이 필요로 하는 전제는, 우리가 하는 행동 모두가 인과적으로 충분한 조건에 의해 미리 결정되는 것은 아니라는 점이다. 무엇인가를 행할 때 작용공간 혹은 여지를 상정할 수 없다면 합리성이라는 개념은 무의미하게 되며 그 결과로 의무나 언화행위, 그 밖의 많은 것들이 의미를 잃게 된다.

자유의지 문제는 간단히 말해, 자유의지라는 것이 어떻게 가능하냐는 것이다. 모든 사건이 충분한 인과적 선행조건을 가지고 발생하는 것처럼 보이는, 적어도 거시적 수준의 세계 내에서 진정으로 자유로운 행동이란 것이 존재할 수 있는가? 이 수준에서의 모든 사건은 그것에 선행하는 원인에 의해 결정되는 것처럼 보인다. 그렇다면 외견상 자유로워 보이는, 의식에 의한 행동은 왜 예외적인 것으로 인정되어야 하는가? 양자 수준에서 불확정성이 존재하는 것이 사실이지만, 그 불확정성은 순전히 임의적인 종류의 것이어서 이로부터 인간에게 자유의지가 부여된다고 하기에는 충분치 못하다.

자유의지 문제는 현대 철학의 이슈들 중에서도 아직 해결책 근처에도 접근하지 못하고 있다는 점에서 예외적이다. 의식이나 지향성, 언화행위, 그리고 사회존재론에 대해 상당히 깊이 있는 설명을 제시할 수 있는 저자 역시도 자유의지 문제에 대해서만큼은 어떻게 해답을 구해야 할지 난감해하고 있다.

그렇다면 이 문제가 중요한 이유가 뭘까? 해결되지 않은 문제들이 숱한데도 말이다. 자유의지가 특별히 문제되는 이유는, 자유의지가 전제되지 않고서는 우리들 삶의 영위가 불가능해 보인다는 데 있다. 의사결정의 순간마다, 아니 능동적인 행동이 요구되는 어떤 경우에서도 자유가 전제되어야 한다. 레스토랑에서 스테이크를 주문할지 송아지고기 요리를 주문할지 선택해야 하는 경우를 생각해보자. 웨이터가 "손님, 무엇을 주문하

시겠습니까?"라고 물을 때 웨이터에게 다음과 같이 대답할 수는 없는 노릇이다. "여보세요, 나는 결정론자랍니다. 내 주문은 이미 결정되어 있을 것이므로 내가 무엇을 주문하는지 기다려보겠습니다." 거절하는 것, 즉 의식적이고 의도적인 발화를 통해 주문하기를 거절하는 것조차 당신의 자유의지가 발휘된 것임을 받아들일 때 비로소 이 같은 거절이 당신 스스로에게도 납득할 수 있는 것이 된다. 자유의지가 하나의 사실이라고 주장하는 것이 아니다. 자유의지가 사실인지 여부는 모른다. 내 주장의 요지는, 의식의 구조상 자유의지를 상정하지 않고서는 한 발짝도 앞으로 나아갈 수 없다는 것이다.

## 6 사회, 제도

사회란 것의 실체는 무엇일까? 특히, 존재하는 것이라고 우리가 인정하는 한에서만 존재할 수 있는 성격의 것임에도 불구하고 완벽히 객관적으로 보이는 일군의 사실이 존재 가능한 이유를 어떻게 설명할 수 있을까? 나는 지금 부시가 미국 대통령이라는 사실[iv], 지갑에 들어 있는 것이 20

---

iv  * George W. Bush를 말하며, 글이 쓰여질 당시의 사실이다.

달러 지폐라는 사실 따위를 생각해보고 있다. 이 문제는 내가 진행하고 있는 또 다른 연구 프로젝트이기도 하다.[8] 여기서도 나는 엄격한 자연주의적 설명을 견지하려고 한다. 인간 사회의 제도적 장치, 예컨대 화폐, 자산, 결혼, 대학, 소득세, 칵테일 파티, 여름휴가, 변호사, 운전면허 소지자, 프로축구선수 등도 인간의 집단 지향성 능력, 그리고 언어능력의 확장으로 봐야 한다. 당신이 언어를 사용하며 사회활동을 하고 있다면 당신은 이미 화폐, 자산, 정부, 결혼 등속의 제도적 실체를 구현해낼 가능성을 가지고 있는 것이다.

## 7 | 정치

의식이나 언어, 합리성과 사회 등이 보다 근저에 있는 생물학적 토대의 발현임을 알게 된다면, 윤리나 정치철학에 대해서도 기존에 받아들여지던 것보다 더 자연주의적인 견해를 가질 수 있을 것이다. 이 가능성은 특이하게도 롤스의 정의이론Rawls' theory of justice으로부터 배태되었던 것 같다.[9] 내가 철학 공부를 시작할 당시만 해도 정치철학이나 윤리학에

---

**8**     ※    특히, *The Construction of Social Reality*(New York: The Free Press, 1995).

서의 실체적 일차 이론은 불가능하다고 두루 받아들여졌다. 이들 분야에서의 어떤 주장도 객관적인 진리 값을 갖기가 어렵다는 이유에서이다. 흄$^{Hume}$의 유명한 주장, 즉, '사실'로부터 '당위'를 끌어낼 수 없다는 주장$^v$이 이를 뒷받침하는 것으로 생각되었다. 만약 철학의 관심사가 진리를 말하는 것이고 또 만약 어떻게 행동해야 하는지, 어떤 종류의 정치·사회를 갖는 것이 옳은지에 대한 정답이 없는 것이라면, 철학은 윤리적으로나 정치적으로 우리가 어떻게 행동해야 하는지에 관해 어떤 언급도 할 수 없을 것이다. 내가 학부생이던 무렵, 정치철학은 죽은 학문[10]이라고 널리 믿어지고 있었고 윤리학은 철학의 한 분과로서 '선함'이나 '의무'와 같은 용어들의 용법을 분석하는 '메타윤리학' 쯤으로 간주되었다. 정치학은 경험 학문으로 생각되었기 때문에 '정치철학'이라고 불릴 만한 뭔가가 있어야 했다면, 그것은 누군가에 의해 새로 만들어질지도 모를 '지질철학' 같은 것일 수밖에 없었다. 지질학용어를 연구하듯 정치용어의 개념적 성격을 규명하기 위해 용어가 사용되는 방식을 조사해볼 수

**9** ▪ 존 롤스의 *A Theory of Justice*(Cambridge, Mass.: Harvard University Press, 1971).

**v** ▪ 'is-ought problem'이라고도 한다.

**10** ▪ 피터 래슬릿은 *Philosophy, Politics and Society*에서 "어쨌든 당장에는, 정치철학은 죽었다"라고 썼다. 피터 래슬릿 편집의 *Philosophy, Politics and Society* (Oxford: Blackwell Publishing, 1956), vii. 도입부를 보라.

도 있었을 것이다. 그러나 정치 실체에 관한 이론이라는 것은 쓸모없는 것으로 여겨지고 있었다. 1964년에 "'사실'로부터 '당위'를 어떻게 유도해낼 것인가"[11]라는 글을 쓴 이래로 나는 이 같은 주장에 대해 맞서 싸우고 있다. 그렇지만, 만연해 있던 통설을 가장 효과적으로 반박한 것은 바로 롤스의 책이었다고 인정하지 않을 수 없다. 그는 이 책에서 불가능한 것처럼 여겨지던 일을 해냈다. 바로, 정의에 대한 실체적 주장을 합리적으로 정당화한 것이다.

## 8 | 윤리학

'자연주의적' 윤리학은 어떤 모습일까? 철저히 자연현상이라고 볼 수 있는 두 가지에 기초하고 있을 것이다. 그 중 하나는 기본적인 생물학적 요구이고 다른 하나는 생물학적으로 부여되는, 합리성이라는 능력이다. 합리성은 그 자체로서 지향성과 언어의 구성적·구조적 특질이다.

지금까지 여덟 분야에 걸쳐 논제를 나열해보았는데, 이들에

---

**11** * "How to Derive 'Ought' from 'Is'", *Philosophical Review* 73(January 1964).

대해 얼마든지 다양한 형태의 철학적 탐색이 가능하다. 이 여덟 가지가 유일하다고는 하고 싶지 않다. 오히려 열거하지 못한 것들이 많은데 그 중 하나가 미학이고, 다른 하나는 수학이다. 어떠한 의식적 체험에도 미학적 차원의 것이 개입된다고 본다. 이를 설명하는 만족스러운 이론체계가 없는 이유는 뭘까? 그리고 어떤 종류의 사실이 수학적인 사실이며 어떤 종류의 실재물이 수와 같은 수학적 속성을 가진 실재물일까?

# 02

## 철학 논제들 간의 논리적 상호 의존성

앞에서 열거했던 여덟 가지 논제 및 이와 관련한 질문들이 대체로 논리의 흐름에 따라 배열되어 있다는 것에 주목해주기 바란다. 한 주제영역의 현상은 다른 주제영역의 현상을 전제로 한다. 단계별로 검토해보자. 지향성(2)이 가능하기 위해서는 의식(1)이 필요하다. 임의의 시점에서 우리가 갖는 지향적 상태 대부분은 무의식적인 것이고 또 많은 의식적 상태가 지향성을 결여하고 있지만, 그럼에도 의식을 가질 수 있는 존재만이 지향적 상태를 가질 수 있다. 언어(3)는 다시 지향성(2)을 전제로 한다. 정신적 표상을 할 수 있는 존재만이 언화행위에서 보이는 특별한 종류의 이차 표상을 할 수 있다. 믿음이나 욕구, 의도 등을 갖지 못하면서 이들을 표현하는 지향적 언화행위를 수행하기는 어려울 것이다. 합리성(4)은 언어(3)와 지향성(2)을 구성하는 구조적인 특질이다. 합리성이 구성적이고 구조적인 특질이라고 해서 우리가 언제나, 아니 대체로라도 합리적으로만 생각하고 말한다는 뜻은 아니다. 그보다는 지향적 상태나 언화행위 안에 합리성에 의한 제약이 고유하게 내재되어 있음을 의미한다. 모순된 믿음을 견지하고 있을 때 그 믿음에 결함이 있다고 하는 것 역시 믿음을 구성하는 개념의 일부이다. 마찬가지로, 이치에 맞지 않는 언화행위 역시 구조적인 결함일 뿐 어떤 외부적인 고려가 지향적 상태나 언화행위에 추가된 것이 아니다. 합리성이 언어나 지향성의 구조적 특질이라는 것의 의미는, 합리성의 제약을 이들 현상의 구성요소로 포함시키지 않고서는 언어나 지향성이 성립될 수 없다는 것이다. 합리성(4)과 자유의지(5)는 개념에서의 차이는 있지만 동일한 외연을 갖는다. 어떤 행동에 대해 합리적이다 혹은 그렇지 않다고 평가하는 것은 다른 행동을 선택할 여지가 있을 때에만, 즉, 자유의지가 있는 경우에만 가능한 것이기 때문이다. 제도(6)가 존재하기 위해서는 언어(3)가 전제되어야 한다. 언어가 없다면 화폐, 자산, 결혼, 정부도 존재할 수 없다. 반대로 화폐, 자산, 결혼, 정부 없이도 언어는 있을 수 있다.

앞에서 열거했던 여섯 가지 현상들, 즉, (1)의식, (2)지향성, (3)언어, (4)합리성, (5)자유의지, (6)사회 및 제도 등이 인간의 활동영역인 정치(7)와 윤리(8)에 대해 필요조건이 된다는 것은 분명해 보인다. 인간처럼 의식과 지향성과 합리성과 자유의지를 가진, 사회적이고 제도적인 동물만이 명백히 정치적인 것으로 생각되는 활동에 참여할 수 있고 명백히 윤리적이라고 생각되는 제약과 이유의 지배하에 놓일 수 있다.

논제 및 이와 관련한 질문들을 계층적 순서에 따라 배열했다는 것이, 보다 근본적인 현상에 대한 답을 얻지 않고서는 그에 의존하는 현상에 관해 아무런 언급도 할 수 없다는 것을 의미하지는 않는다. 상황이 만약 그랬다면 매우 암담한 결론에 이르게 되었을 것이다. 그것이 철학적인 것이건 과학적인 것이건 가장 근본적인 질문 다수에 대해 우리는 아직 답을 알지 못하기 때문이다. 뇌가 어떻게 의식을 야기하는지, 의식이 뇌에서 어떻게 실현되는지를 우리가 아직 잘 모르지만 나는 의식을 명백한 무엇으로서 언급했다. 이의 또 다른 예는 자유의지이다. 자발적인 행동의 경우마다 자유의지가 전제돼야 하지만 이 전제가 스스로를 보증하는 것은 아니다. 자유의지가 있다고 가정하는 것이 틀렸을지도 모른다. 그러나 그 가정이 옳든 그르든 간에 우리가 갖는 경험과 우주에 대해 우리가 알고 있는 사실 모두를 조화롭게 만족시킬 수 있는, 자유의지에 대한 설명체계를 우리는 아직 갖고 있지 못하다. 합리성은 자유의지를 전제로 한다. 그렇지만 자유의지 문제에 대한 답을 구했냐는 것과는 별개로 합리성에 대한 설명체계는 구축할 수 있다. 우리가 얻고자 하는 해결책은 어떤 의미에서 가설적이거나 조건부적이다. 즉, 자유의지가 있다고 가정하고서 합리성에 대한 이론을 세울 수 있으며 마찬가지로, 의식에 대한 잘 정립된 설명이 없더라도 지향성 이론은 만들 수 있다. 좀더 구체적으로는 믿음, 욕구, 의도와 같은 의식상태를 뇌의 과정이 어떻게 유발하고 뇌에서 어떻게 실현되는지 설명할 수 없다고 하더라도 이들의 논리적 구조에 관한 이론은 정립할 수가 있다.

지금 우리는 철학에서 흔히 봉착하곤 하는 상황에 놓이게 되었는데, 문제를 천착하다 보면 모든 문제가 해결되지 않고서는 한 가지 문제에 대한 답조차 얻을 수 없을 것처럼 여겨지는 바로 그런 상황이다. 언제나 그렇듯 진척을 이루기 위해서는 거대한 질문을 일련의 작은 문제 군으로, 더 나아가 점진적으로 하나씩 해답을 찾을 수 있도록 실로 더 작은 문제들로 나누어야 한다. 우리의 전략은 나누어서 공략하는 것이다. 질문을 다루기 용이한 형태로 나눈 후 한 번에 하나씩 작업하는 것인데, 이는 일생 동안 내가 따랐던 방법일 뿐만 이 책에서 적용하려는 방법론이기도 하다.

> # 03

## 자연주의와 현대 철학

철학에서 큰 변화들이 있었다고 언급하면서 이를 기술하기 위한 방편으로 여덟 가지 질문을 나열해보았는데, 이들이 하나같이 매우 전통적인 질문이라는 사실이 혹자에게는 당혹스러운 것일 수도 있겠다. 의식, 지향성, 언어, 합리성, 자유의지, 사회, 정치, 윤리 이 모두가 철학사를 관통하는 전통적 주제들이지 않은가. 그렇다면 오늘날에 와서 달라진 것은 무엇일까? 이들 주제를 '자연주의적'으로, 즉, 기본적 사실이라고 내가 언급했던 것들과 모순되지 않을뿐더러 기본적 사실로부터 생성되고 유래하는 것으로서 이제는 다룰 수 있게 되었다는 것이 나의 주장이다. 현상의 실질적이고 때로는 환원 불가능한 특징을, 둘 혹은 서른일곱 가지의 세계가 아닌 단 하나의 세계 안에 우리가 살고 있다는 사실과 더불어 이제는 인정할 수 있게 되었다. 철학자들이 '지향성의 자연화' 혹은 '의식의 자연화'를 언급할 때 '자연화'라는 말로써 의미하고자 한 것은 흔히, 의문시되는 해당 현상의 존재 자체를 부정하는 것이곤 했다. 예를 들어 지향성의 자연화라는 것은 환원 불가능하거나 제거할 수 없는 지향성이란 실체가 실제로는 존재하지 않는 것임을 밝히는 작업이었다. 의식에 대해서도 마찬가지다. 의식의 자연화라는 것은, 환원 불가능한 현상으로서의 의식이 실재함을 부정하는 것이곤 했다. 내가 말하는 자연화의 의미는 이와 다르다. 나의 주장은, 의식이나 합리성이나 언어 등에 내재해 있는 고유한 특질을 부정하지 않으면서도 동시에 이들을 자연세계의 일부로 볼 수 있다는 것이다. 이는, 이제는 가능해졌지만 예전에는 불가능하던 방법을 통해서이다. 철학에서 일어난 몇 가지 변화들 때문인데 이에 대한 얘기는 잠시 후에 하겠다.

## 04

# 논점 이탈:
# 대안적 존재론의 거부

내가 명시적으로 반대하고 있는 철학적 움직임 내지 경향이 무엇인지를 우선 분명히 해두는 것이 좋을 것 같다. 다음의 두 가지 모두를 나는 반대한다. 첫째, (그것이 이해되고 있는 일반적 의미에서의) 물질주의 및 그에 따르는 환원주의와 제거주의를 반대하며, 둘째, 어떤 형태로의 이원론이나 세 세계 이론three world theory에도, 그리고 자연과 기본적 사실의 보편성을 부정하는 신비화에도 반대한다. 통상적으로 받아들여지는 바에 의하면, 물질주의는 의식과 지향성의 환원 불가능하고 제거 불가능한 특성을 부정한다. 물질주의자에 의하면 의식이나 지향성이라고 우리가 여기는 것이 아예 존재하지 않는 것이거나 (제거주의 eliminativism[vi]), 존재한다고 하더라도 전혀 다른 무언가로, 즉, 행동이나 신경생물학적으로 기술되는 뇌 상태, 혹은 유기체의 기능적 상태나 컴퓨터 프로그램 등과 같은, 삼인칭적인 물질현상으로 환원될 수 있는 종류로 존재한다는 것이다(환원주의 reductionism). 제거나 환원을 위한 이와 같은 노력은, 갈증의 느낌이나 날씨에 대한 생각처럼 우리들이 실제로 갖는 의식적·지향적 경험자료들을 종국에 가서는 부정하게 되기 때문에 성공하지 못한다. 이들 데이터는 한 개체에게 일인칭적으로 귀속되는 속성의 것이어서 인간이나 동물 주체에게 경험되는 방식으로서만 존재하며, 따라서 행동이나 두뇌 상태와 같은 삼인칭적 존재론의 것으로는 환원될 수 없다. 환원주의는 정신적 상태의 존재를 인정한다고 주장하면서 제거주의와는 다른 것인 양 한다. 하지만 종국에는 제거주의라고 볼 수밖에 없는 것이, 환원주의가 제안하는 방식으로 환원을 하다 보면 의식이나 지향성이 갖는 주관적인 일인칭적 속성은 예외 없이 제거되고 객관적인 삼인칭적 속성만 남게 되기 때문이다. 이에 대해서는 다른 곳에서 이미 상세히 반박한 바 있으므로 여기서 반복하지는 않

---

[vi] 정작 처칠랜드(P. S. Churchland) 자신은 '제거주의' 라는 용어를 그다지 달가워하지 않는 것 같지만 처칠랜드 부부 철학자들은 대표적인 제거주의자로 흔히 인용된다.

겠다.[12]

 이원론은 정신계와 물질계라는 동떨어진 두 계realm에 우리가 살고 있다고 보는 견해라고 대략 정의될 수 있다. 세 세계 이론은 포퍼Popper, 에클스Eccles, 하버마스Habermas, 펜로즈Penrose 등이 그 지지자에 속한다. 이들에 의하면 우리는 세 가지로 구분되는 세계에 살고 있다. 물질적 세계, 정신적 세계 그리고 이에 더해서 시나 과학이론과 같은 문화적 산물의 세계이다. 세 번째 세계는 발현되는 모든 양태 속에 스며 있는 '문명과 문화의 세계'[13]이기도 하고(포퍼, 에클스), 수와 같은 관념적인 플라토닉 존재물의 세계이기도 하다(프레게Frege와 그를 계승한 펜로즈[14]). 우려스러운 것은 소위 '제3세계'가 무엇으로 구성된 것인지에 대해 일반적으로는 물론이고 심지어 이 이론의 추종자들조차 합

---

**12**   John R. Searle, *The Rediscovery of the Mind*.
*The Mystery of Consciousness*.
*Mind: A Brief Introduction*.
"Minds, Brains and Programs," *The Behavioral and Brain Sciences* 3(1980).
**13**   Sir John Eccles, "Culture: The Creation of Man and the Creator of Man," in *Mind and Brain: The Many-Faceted Problem*, ed. Sir John Eccles (Washington, D.C.: Paragon House, 1982), 66. Sir Karl Popper, *Objective Knowledge: An Evolutionary Approach*(Oxford: Clarendon Press, 1972), chaps. 3 and 4.
**14**   Roger Penrose, *The Large, the Small, and the Human Mind* (Cambridge: Cambridge University Press, 1997), and *The Road to Reality: A Complete Guide to the Laws of Nature*(London: Jonathon Cape, 2004).

의에 이르지 못하고 있다는 점이다. 이원론이 갖는 진정한 문제는, 철학의 중심적 기획을 결과적으로 포기하게 한다는 데 있다. 의식이나 지향성이 나의 주장과는 달리 '물리적' 세계의 일부가 아닌 것으로 결국 밝혀지게 될지도 모른다. 말하자면, 사후에 신체가 분해되고 난 후 영혼이나 의식이 유체이탈하여 돌아다니는 것으로 밝혀질지도 모른다. 그렇다고 해서 다른 계에 깃들여 있는 존재이기 때문에 설명이 불가능하다고 말해버리면, 실재하는 현상이라고 우리가 알고 있는 것들을 어떻게든 설명하려고 노력하는 철학적 (과학적으로는 말할 것도 없고) 기획을 포기하는 것이 될 것이다. 나는 심-신의 관계를 다루는 철학적 숙제에 대해 하나의 해결책을 제안하고자 한다. 신경생물학은 이 해결책의 유효함을 증명하거나 예시할 수 있을 것이다. 둘이나 셋 혹은 그 이상이 아닌 하나의 세계에 살고 있음을 압도적으로 지지하고 있는 3세기 이상에 걸쳐 축적된 과학적 사실이 우리에게는 있다.

이원론이 부당하다면 '삼원론'으로 불리는[15] 세 세계 이론은 더욱 옳지 않다. 인간 생물학이 보다 근저에 있는 물리화학의 발현이라면, 인간의 문화 역시 그 모든 면면에 있어서 언어와 이성을 뒷받침하는 생물학적 능력의 발현이다. 우리가 시를 쓰

---

**15** ・ Eccles의 "Culture," 65.

고 과학이론을 발전시킬 수 있다고 해서 이것들이 어떤 식으로든 별개의 세계에 속한 것이고 우리 모두가 살고 있는 하나의 세계 일부로 볼 수 없다는 것은 일종의 신비화이다.

포퍼-에클스 식의 삼원론이 실패하는 이유는 그들이 말하는 문화적 세계 역시 실재하는 하나의 세계, 즉, 우리가 그 안에 살고 있으며 의식과 지향성을 위한 생물학적 능력을 실제로 적용하고 있는 이 세계의 일부이기 때문이다. 추상화된 플라토닉 적 실체가 속한 곳으로서의 제3세계를 가정하는 것 역시 불만족스럽다. 속성, 수, '보편자$^{universals}$' 등이 실로 존재하며 이들이 시나 과학이론이 만들어지는 것과 같은 방식으로 인간에 의해 창조된 것은 아니지만 이들의 존재는 인간의 창조물, 말하자면 여러 가지 용어, 형용사, 동사 등이 도입됨으로써 얻어지는 결과물에 불과하다. 이들은 인간의 발명품이다.[vii] 수나 추상적 개념이 별도의 계를 상정해야 할 필요성을 제기하지는 않는다. 이 점을 분명히 하기 위해서는 추상적 개념의 존재와 그에 대한 진술, 특히 수학적 진술의 진리성에 대한 설명이 필요하다. 숫자와 같은 추상적 보편자가 속한 제3의 플라토닉 세계를 주장한 프레게-펜로즈 견해에 정합적인 형식화가 부여될 수 있을

---

[vii] • 논의의 균형을 위해서라도 펜로즈가 쓴 『황제의 새마음』 일독을 권고하고 싶다.

거라고는 생각지 않는다. 제3의 계에 대한 프레게-펜로즈의 가정이 비록 존재론적 문제에 대한 해결책을 제시하고 있지는 못하지만 흥미 있는 도전거리임에는 틀림없다. 제3의 계를 가정하지 않고서 수학적 진술, 그리고 추상적 보편자 일반에 대한 진술의 객관적 진리 여부를 어떻게 설명할 수 있을까?

수리철학을 여기서 자세히 다룰 수는 없다. 그러나 앞에서 말한 '도전'에 대처할 만한 해결책의 골자는 제시할 수 있다. 사물이 세계 안에서 어떻게 존재하는지 말하려면 그것의 상태를 기술할 수 있는 용어가 필요하다. "저것은 말이다" 혹은 "저것은 초록이다"라는 식으로 우리는 말한다. 일반 용어를 도입할 때, 그에 해당하는 명사절을 곧바로 만들 수 있고 그 표현을 지시적으로 사용할 수 있다. "이것은 초록이다"라고 말하는 대신 "이 사물은 초록이라는 속성을 가졌다"라든가 "초록을 예시한다"고 말할 수 있으며, "저것은 말이다"라고 말하는 대신 "저 사물은 말이라는 속성을 가졌다"라고 말할 수 있다. 이처럼 추상적 개념 즉, 초록이라는 속성, 말이라는 속성을 도입하는 것이 존재론적으로 새로운 계를 도입하는 것은 아니다. 다만 하나의 표현방식일 뿐이다. 어떤 사물이 초록임을 참이게 하는 이 세계에서의 사실은, 그 사물이 초록이라는 속성을 가진다는 것을 참이게 하는 바로 그 사실이라는 점에 주목하기 바란다. 세계 내에서 이 두 가지 진술은 차이가 없으며, 결과적으로 두 경우에서의 '존재론적 복무ontological commitments'는 동일하다. 일반 형식에 대한 플라토닉적 교의로부터 콰인Quine의 존재론적 복무[16]에 대한 척도에 이르기까지 수세기에 걸쳐 그 동안 얼마나 많은 혼란이 있어왔는지 제한된 지면에서 다 얘기할 수는 없다. 이 글의 목적상 다음의 사항만 지적하고자 한다. 어떤 의미 있는 술어도 그것이 동사든 형용사든 혹은 어떤 품사든 즉각적으로 해당하는 명사절의 구성이 가능하며 이 명사절은 원래의 술어가 표현하는 그 속성을 가리킨다는 점이다. 이들 명사절에 의해 명명된 사물의 존재는 해당하는 술어의 유의미성에 의해 자동적으로 보장된다. 이것이 소위 '보편자 문제Problem of Universals[viii]'에 대한 해결책의 대략적인 내용이다. 보편자가 속한 계가 따로 있는 것이 아니고, 우리가 살고 있는 실제 세계인 하나의 계에 대해 다양한 진술방식이 있을 뿐이다. 보편자는 실제로 존재하지만 이는 해당 술어가 의미를 가지는 것에 따르는 별스러울 것 없는 결과이다. 없던 사실이나 존재론적으로 새로운 계가 도입되어야 하는 것이 아니다. 보편자에 대한 언급은 진술

**16** ⁿ *From a Logical Point of View*(New York: Harper and Row, 1953)에 개간되어 실린 콰인의 "On What There Is".

**viii** ⁿ 보편자의 성격을 묻는 형이상학적 문제. 본문의 예로부터, 'greenness'라는 것이 과연 존재하는 실재인지, 존재한다면 특수자인 눈 앞의 잔디에 속한 것인지, 관찰자의 마음 속에 있는 것인지, 아니면 별개의 계에 속한 것인지를 묻는다.

방식에서의 차이일 뿐이다. 말이나 초록색 사물을 표상하는 시스템 안에 보편자는 존재한다. 이 같은 설명은 예화될 수 없는 보편자에 대해서도 마찬가지로 적용될 수 있다. "아무도 성인이 아니다"라고 말할 수도 있고, "아무도 성인다움의 속성을 가지고 있지 않다"라고도 말할 수 있다.

그렇다면 수에 대해서는 어떤가? 들판에 말 세 마리가 있다고 가정해보자. 들판에 있는 각각의 대상은 말이라는 속성을 가지고 있다. 하지만 이 말들 중에서 어느 것에도 셋이라는 속성은 없다. 셋이라는 속성은 무엇에 귀속되어야 하는가? 셋의 속성을 갖는 것은 들판에 있는 말들의 '집합'이다. 실제로 일상적인 구어체에서, 들판에 있는 말의 수가 셋이다, 라고 말할 수 있다. 일반화해보면, 수라는 것은 집합의 속성이다(집합의 집합도 아니고 속성의 속성도 아니다. 집합의 속성이다). 논의를 너무 급하게 진행한 것에 대해 사과한다. 하지만 기본적 사실의 기본성basicness에 대한 나의 입장을 밝히기 위해서라도 존재론 및 철학에서의 다른 견해에 대해 답을 했어야 했다.

이 절에서의 결론은, 전통적 물질주의가 취하는 환원주의와 제거주의, 그리고 이와 더불어 이원론자나 삼원론자가 제기하는 다수 존재론적 계의 가정을 거부하는 것으로서 자연주의 철학을 발전시키는 출발점을 삼을 수 있다는 것이다.

# 05

## 철학에서의 최근 변화들

물질주의라는 스킬라와 이원론과 삼원론이라는 카리브디스를 극복했다면, 지난 수십 년간 진행되어온 철학에서의 변화들을 고려할 때 반세기 혹은 1세기 전까지만 해도 불가능했거나 적어도 지금보다는 어려웠을 철학의 유형 한 가지를 이제는 추구할 때가 되었다고 본다. 그간 진행되어 온 변화 몇 가지를 먼저 살펴보자.

첫째, 회의론적 인식론은 더 이상 철학에서의 중심이 아니다. 데카르트 이후 3세기 동안 인식론적인 질문, 특히 회의론적인 질문이 철학의 중심 관심사였다. 20세기 초 수십 년간에 걸쳐

"어떻게 알 수 있는가?"라는 질문은 비트겐슈타인Wittgenstein, 러셀Russell, 무어Moore 등에 의해 "무엇을 의미하는가?"라는 질문으로 변형되었다. 이것이 20세기 전반 철학에서 일어났던 소위 '언어적 전회linguistic turn'이다. 그러나 언어적 전회의 적어도 일부는 여전히 재래의 인식론적 의제를 향해 있었다. 언어철학으로 방향을 튼 주된 목적은, 언어적 방법을 통해서 전통적인 철학 문제에 대해서뿐만 아니라 회의론적인 문제에 대해서도 답할 수 있다는 것을 보여주기 위해서였다.

반세기 전에 비해 회의론을 더 이상 심각하게 고려하지 않게 된 데에는 여러 가지 이유가 있다. 나를 포함한 많은 철학자들은 비트겐슈타인과 오스틴Austin의 연구가 회의론에 대해 어느 정도 답을 하고 있다고 생각한다. 그들의 연구는 회의론이 일정 부분 언어를 잘못 사용한 것에 기인하는 것임을 보이고 있다. 그렇지만, 회의론이 언어의 오용에서 비롯했다는 점을 언어철학적인 방법으로 밝혔다는 것에 대해 모두가 동의하는 것은 아니기 때문에 이 주장에는 논란의 여지가 있다. 회의론을 예전처럼 진지하게 받아들이지 않게 된 더 중요한 이유는, 우리가 알고 있는 것들이 이미 너무 많다는 것이다. 엄청나게 많은 객관적이고 확실하고 또 보편적인 지식을 우리는 갖게 되었다. 지구가 둥글다는 주장이나 수소 원자가 하나의 전자를 가졌다는 주장은 문제를 논하는 사람의 감정이나 태도에 의존적이지 않다는 의미에서 객관적이다. 그리고 증거가 워낙 많아서 이를 의심하는 것이 비합리적이라는 의미에서 확실하다. 또한 버클리나 런던에서 그런 것처럼 블라디보스토크나 프리토리아에서도 사실이라는 의미에서 보편적이다. 반세기 전만 하더라도 확신할 수 있는 경험적 사실은 없을 거라고 여기는 사람들이 많았다. 확실성에는 교정의 여지없음이 내포되어 있다고 믿었기 때문이다. 무엇을 확실히 안다는 것은 그 주장이 틀린 것으로 드러나는 경우를 상상할 수 없다는 것을 의미하곤 했다. 나는 이것이 심각한 오류라고 본다. 주장에 대해 증거가 뒷받침되면 이를 의심하는 것이 비합리적이라고 하는, 확실성이라는 단어가 사용되는 일상적 의미에서 우리가 알고 있는 것은 얼마든지 있다. 그렇다고 해서 이것이, 말하자면 엄청난 과학혁명을 거쳐 기존의 주장을 번복해야 하는 상황까지 상상할 수 없다는 걸 의미하지는 않는다. 이 점에서 '확실하다'는 것은 '안다'는 것과 유사하다. 'p가 확실하다'는 것은 곧 'p'라는 것을 의미하고 'p가 아니다'는 따라서 'p임이 확실하지 않다'를 의미한다. 마찬가지로 'p라고 알려져 있다'는 것은 'p'를 의미하고 'p가 아니다'는 것은 'p라고 알려져 있지 않다'를 의미한다. 앎 혹은 확신에 대한 주장을 번복해야 하는 상황을 상상할 수 있다고 해서 이것이 아무것도 알 수 없다거나 아무것도 확실한 것이 없다는 것을 시사하는 것은 아니다. 반복하지만, 확실성은 개정 가능성 없음을 함축하지 않는다.

　서점에 들러서 분자생물학이나 기계공학 같은 분야의 책을 하나 꺼내 펼쳐보면 엄청나게 축적된 지식을 발견하게 되는데 그 지식의 양과 힘은 데카르트도 숨이 넘어갈 정도일 것이다. 사람을 달에 보내고 다시 데려오면서 지구 밖 세계가 실제로 존재하는가 따위의 질문을 심각하게 고민하기는 어렵다. 철학에 회의론적 인식론의 여지가 없다고 얘기하는 것이 아니다. 인식론적 퍼즐에는 제논의 역설Zeno's paradoxes과 비슷한 측면이 있다고 생각한다. 역설에 의하면, 방을 가로지르려면 우선 그 절반을 가야 하는데 그전에 그것의 절반을 가야 하고 또 그 전에 그것의 절반, 절반의 절반이 계속 이어진다. 이와 유사하게, 회의론적 의문이 다양하게 제기될 수 있음에도 어떻게 확실하고 객관적이고 보편적인 지식을 가질 수 있는가 하는 것은 흥미로운 퍼즐이다. 그렇지만 제논의 역설이 시간과 공간의 존재를 부정한다고는 보지 않듯이, 우리들 대부분은 회의론적 역설이 지식의 존재에 심각한 의문을 제기한다고는 생각지 않는다. 17세기 때와는 달리 지식이 존재할 수 있는가에 대해서는 더 이상 의문시하지 않으며, 이제 우리는 기본적 사실을 받아들인 채 철학을 시작할 수 있게 되었다.

　둘째, 회의론이 더 이상 철학의 중심에 있지 않듯이 언어철학 역시 더 이상 철학의 중심에 있지 않다고 말하는 것이 합당

할 것이다. 거의 한 세기 동안 언어철학은 철학의 중심 위치를 점하고 있었다. 이는 철학의 제 문제가 언어학적 방법을 통해서만 해결될 수 있다고 보는 이들이 많았기 때문이기도 하지만 다른 한편, 모든 사고에는 언어가 필수적이라는 생각이 분석철학자들 사이에서 널리 받아들여지고 있었기 때문이기도 하다. 그러나 이는 틀린 생각이다. 믿음, 욕구, 지각, 행동 등과 마찬가지로 인간의 언어 또한 생물학적으로 보다 기초적인 형태의 지향성이 확장된 것이며 이로부터 파생된 것으로서 바라볼 필요가 있다. 이 점은 분석철학에서 일어난 실로 중요한 변화라고 생각한다. 분석철학은 원래 언어철학의 한 형태로 고안된 것인데, 언어에 내재해 있는 논리구조를 드러내는 도구로 프레게의 수학논리를 차용하고 있다. 나는 언어 자체를 철학의 기본 주제로서가 아니라 생물학적으로 보다 근본적 형태의 지향성이 발현된 것으로 다룰 것을 제안하고자 한다. 언어분석은 언어 이전 prelinguistic 형식의 지향성 분석에 기초할 필요가 있다.

셋째, 내가 지적으로 유년기에 있을 무렵, 철학이라는 학문은 그저 단편적인 방식으로만 탐구되고 있었다. 보편적 이론을 추구하는 것은 잘못인 양 받아들여졌으며 작고 구체적인 많은 이슈들을 보다 명확하게 만드는 것이 우선적으로 해야 할 일이었다. 일반 이론을 논하기 위해서는 그것의 정초가 되는 너무나 많은 구분과 명확화의 작업이 필요했다. 나는 지금까지의 이러한 기초 작업이 대체로 성공적이었으며 이제는 마음이나 언어, 합리성, 사회 등에 대한 보다 일반적인 설명을 향해 나아갈 위치에 도달했다고 생각한다. 내가 지금껏 노력해온 것도 실은 이를 위해서이다. 큰 규모의 체계적인 철학이 이제는 가능하게 되었는데, 이에 적용될 방식은 불과 반세기 전만 하더라도 불가능에 가까우리만큼 엄두가 나지 않는 것이었다.

넷째, 철학과 다른 학문을 명확하게 구분지을 수 있는 경계가 불분명해졌다. 내가 학문을 시작하던 당시만 하더라도 철학의 핵심은 개념분석에 있었으며, 이 점에서 철학이 여타 종류의 경험 학문과 사뭇 다르다는 것을 이해하고 있어야 했다. 이제 나를 포함한 많은 철학자들은 개념적 주제와 경험적 주제 간의 구분이 언제나 가능한 것은 아니라고 생각하게 되었다. 내 자신의 연구에서도 나는 온갖 종류의 경험적 결과물들에 크게 의존하고 있다.

# 06

## 자유의지, 신경생물학, 언어, 그리고 정치권력

지금까지 매우 간략하게나마 철학에서의 여덟 가지 주요 주제 및 이들 사이의 관계에 대한 약간의 논의, 그리고 이 문제들을 다소 다른 각도에서 접근하는 데 도움될 것으로 생각되는 현재의 철학적 상황 몇 가지 등을 언급했다. 이제 책의 내용이 되는 두 장에 대해 얘기할 때가 되었다. 책의 제목에도 반영된 제1장, '신경생물학적 문제로서의 자유의지'에서는 자유의지의 문제가 어떻게 경험적이고 과학적인 해결책을 원론적으로나마 확보할 수 있을지에 대해 설명하고자 했다. 자유의지 문제에 대해, 독자에게 그 해답을 제시할 수는 없지만 가능한 해결책이 어떤 모습을 띨지 윤곽을 그려볼 수 있을 정도로까지는 충분히 세밀하게 이 문제를 기술할 수 있기를 바란다. 결정론이 만약 옳다면, 물질세계 특히, 우리의 뇌는 어떨 것이며 반대로 결정론이 틀린 것이라면, 세계와 뇌는 어떤 모습일까? 문제의 성격상 언급되고 있는 어떤 것도 잠정적일 수밖에 없다. 우리는 뇌가 어떻게 작동하는지 충분히 알지 못하고 있다. 특히 뇌가, 실제로 그럴 게 분명한데, 어떻게 의식을 만들어내고 또 어떻게 자유의지라는 경험을 갖게 하는지, 그리하여 자유로운 행동이란 것이 착각이 아님을 알게 하는지 충분히 알고 있지 못하다.

그 수가 안타깝게도 그리 많은 것은 아니나 몇몇 철학적 문제에 대해서는 과학적 해결책이 주어질 수 있다. 생명 문제는 잘 알려진 예이다. 생명의 본질에 대해 생화학적 특성을 이해할 만큼 충분히 알게 된 마당에 생기론자와 기계론자가 나누었던 거대 논쟁들을 더 이상 심각히 받아들일 수는 없다. 의식에 대해서도 유사한 방식의 과학적 해결책이 주어질 것이라고 짐작할 수 있다. 뇌의 작용이 어떻게 의식상태를 유발하는지, 그리고 그 같은 의식상태가 뇌 안에서 어떤 방식으로 존재하며 우리의 삶 안에서 어떻게 인과적으로 작용하는지 등에 대해 정확히 알게 된다면, 전통적인 마음-신체 문제 역시 생기론-기계론 논쟁의 경우와 닮은 길을 가게 될 것이라고 본다. 철학자의 임무는 문제를 충분히 명확한 형태가 되게 하고 충분히 세심하게 기술해서 과학적 해결의 여지를 갖도록 하는 데 있다. 의식 문제에 관해서 나는 여러 권의 책을 통해 이러한 노력을 기울여오고 있다. 이 책의 1장에서는, 자유의지를 두고서 그 같은 시도의 첫걸음을 내딛고자 한다.

연구과정에서 얻게 된 몇 가지 흥미로운 결과는 주목해볼 만하다. 그 중 하나는, 자아의 존재를 전제하지 않고서는 의사결정을 만족스럽게 설명할 수 없더라는 것이다. 자아의 개념은 철학사에서 수세기 동안 일종의 스캔들 같은 것이었는데, 흄은 자신의 회의적 해석을 통해서 경험 가능한 실체로서의 자아 개념이 실제로는 성립하기 어려운 것이라고 결론지었다. 그러나 의식적 의사결정이 갖는 형식상의 특질을 고려할 때 의식적이고 합리적이며 반성하고 결정하고 행동하는, 그리하여 책임까지 질 수 있는 하나의 동일한 실체를 인정하지 않을 수 없다. 순전히 형식적인 이 실체를 자아라고 부르고자 한다.

제1장에서는 여러 주제영역들 중에서 의식(1)과 자유의지(5) 문제를 주로 다룰 것이다. 물론 지향성(2)과 합리성(4)에 대한 논의를 건너뛰고서 의식이나 자유의지를 논하기는 어렵다. 제2장 역시 내가 설명하려고 시도해온 문제에 맞춰져 있다. 사회와 제도(6) 그리고 이들과 정치와의 관계(7)는 사회적인, 그리하여 정치적인 실재를 구축하는 데 언어(3)가 어떤 구성적 역할을 하는지에 관한 이론으로 조망해보지 않고서는 올바로

이해될 수 없다. 두 번째 장의 내용은, 제도적 실재에 대한 나의 해석을 정치권력이라고 하는 특수한 문제에 적용해보려는 시도라고 할 수 있다. 이에 대한 나의 입장은 『사회적 실재의 구성The Construction of Social Reality』에서 먼저 제시한 바 있다. 그 기반을 이루는 주장은, 인간 사회에서의 역학관계가 다른 동물에게서는 발견되지 않는 특성, 말하자면 권한을 부여케 하는 제도적 기구를 만들어낸다는 특성에 의존한다는 것이다. 화폐, 자산, 정부와 같은 제도적 기구들은 인간의 힘을 엄청나게 증가시키고 또 만들어진 이 기구들 내에서의 삶을 조절하고 조직해 갈 수 있도록 한다. 구성원으로 하여금 활동의 이유를 갖게 하는 것이 이 기구들이 갖는 특성이다. 제도적 체계가 대학이든 교회든 국가든 혹은 스키클럽이든 이들은 구성원에게 그 체계 안에서 활동할 동기를 부여한다. 제도적 체계는 또한, 구성원들에게 의무권력deontic power 즉, 권리, 의무, 책임, 요건, 허가, 인가 등을 수반하는 권력을 부여한다. 그리고 이 모두는 본질적으로 언어에 의해 구성되는데 왜냐하면, 언어를 가진 피조물만이 그 같은 권력을 만들고 인식하고 거기에 따라 행동할 수 있기 때문이다.

지위기능status function은 제도적 실재를 분석할 때 핵심이 되는 개념이다. 자전거 타기나 자르기 등의 기능을 수행할 때는 해당 실행자의 물리구조 및 그로부터 비롯되는 힘에 전적으로 의존하는 경우가 많다. 하지만 인간은 다른 동물과 달리 많은 경우 제도적 체계로부터 힘을 얻는데 이때의 힘은, 그 대상이나 사람에게 부여된 특정한 지위 및 그 지위가 집단에 의해 받아들여지는 덕분에 가능해지는 기능으로부터 나온다. 대통령이라는 것, 20달러 지폐라는 것, 사유재산이라는 것 등은 모두 지위기능이라고 할 수 있으며 이들이 자신의 기능을 수행하는 데 필요한 힘을 얻는 것은 그것의 물리구조에 의해서가 아니라 특정 지위와 그 지위에 따르는 기능을 집단이 승인했기 때문이라고 할 수 있다. 매우 간략하게 언급했지만 이 같은 착상 안에 정치적 개념이 내포되어 있다는 것이 분명히 전달되었기를 바란다. 정치권력은 지위기능의 체계 및 앞에서 언급했던 종류의 의무권력에 기초하고 있다는 점에서 단순하고 맹목적인 물리력과는 다른데 이는 곧 오늘날의 정치사회에서 정치권력의 정당화가 왜 그토록 중요한지를 설명하는 이유가 된다. 왜 우리가 의무권력체계를 받아들여야 하는가, 라는 질문은 대답될 수 있어야 한다.

  두 번째 장의 내용은 잠정적일 뿐만 아니라 아직 진행 중에 있는 것이지만 나는 이 내용을 내가 시작은 했으나 아직 완성하지 못한, 훨씬 확대된 연구의 시작이라고 생각한다.

# 1

신경생물학적
문제로서의 자유의지[1]

**1** ▪ 이 장의 내용은 2001년 2월 왕립철학회에서, 그리고 같은 해 5월 소르본대학에서 강연할 때 제시한 바 있는 몇 가지 착상들의 연장선상에 있으며 이 두 강연은 이전에 쓰여진 글인 "Consciousness, Free Action and the Brain," *Journal of Consciousness Studies* 10, no. 10(October 2000)에 기초하고 있다. 이번 판은 애초 영문으로 왕립철학회지 *Philosophy* 72, no. 298(October 2001)에 실렸다. 이 장의 논의들 중 일부는 저자의 책 *Rationality in Action*(Cambridge, Mass.: MIT Press, 2001)에서 더 상세하게 다루고 있다.

01

## 자 유 의 지  문 제

전통적인 자유의지 문제가 철학사에서 이처럼 오랫동안 지속되고 있는 것은 내가 볼 때 개탄스러운 일이다. 자유의지에 관한 수세기 동안의 집필에도 불구하고 그다지 큰 진척을 이룬 것 같지는 않다. 극복할 수 없는 어떤 개념상의 문제가 있는 것은 아닐까? 간과하고 있는 사실이 있는 것은 아닐까? 철학의 선조들이 이뤄놓은 성과로부터 거의 나아가지 못하고 있는 이유가 무엇일까?

해결이 불가능해 보이는 문제에는 으레 특정한 형태의 논리가 그 안에서 발견되곤 한다. 절대로 포기 못할 것 같은 믿음을 한편에 갖고 있으면서 다른 한편으로는, 앞의 것과 모순되면서도 같은 정도의 호소력을 지닌 것으로 보이는 믿음을 갖고 있는 것이다. 고전적인 마음-신체 문제에서는, 세계가 힘의 장 안에 놓인 물질입자들로만 전적으로 구성되었다고 믿어지는 한편 그와 동시에 의식이라고 하는 비물질적 현상을 포함하고 있는 것처럼 보인다는 것이다. 그런데 우주의 정합적인 그림 안에 물질적인 것과 비물질적인 것을 어떻게 조화롭게 배치시킬 수 있을지 우리는 알지 못한다. 회의적 인식론에서의 오래된 문제에 의하면, 상식적으로 볼 때 우리는 세계 내의 수많은 것들에 대한 지식을 실로 가지고 있으면서도 한편, 실제로 그 같은 지식을 갖고 있다면 다음과 같은 회의론 논변 즉, 내가 지금 꿈을 꾸고 있는 것이 아니라는 것, 통 속의 뇌가 아니라는 것, 나쁜 악마에 의해 속고 있는 게 아니라는 것 등에 대해 분명히 답할 수 있어야 할테지만 이러한 회의론자의 도전에 대해 결정적 대답을 줄 수 있는 방도를 아직 찾지 못하고 있다는 것이다. 자유의지에서의 문제는, 자연현상에 대한 설명은 완전히 결정론적인 것이어야 한다고 생각된다는 점이다. 예컨대 로마 프리에타 지진에 대한 설명은, 지진이 왜 우연히 발생했는지가 아니라 왜 일어날 '수밖에' 없었는지를 설명하는 것이어야 한다. 지각표층에 작용한 힘을 고려할 때 달리 가능성은 없다는 것이다. 그런데 특정 종류의 행동을 할 때 우리는 말 그대로 '자유롭게' 혹은 '자발적으로' 행동한다는 경험을 갖는데 이렇게 되면 더 이상 결정론적인 설명을 적용하기가 어렵다. 예를 들어 어떤 후보에게 투표했고 또 그럴만한 이유가 있었다고 하더라도, 모든 조건이 동일한 상황에서 다른 후보에게 마찬가지로 투표했을 수도 있다. 내게 영향을 끼쳤던 원인에도 불구하고 그 후보에게 투표를 '했어야만' 했던 건 아니다. 나의 행동에 대한 설명으로서 어떤 이유를 들더라도 그것이 인과적으로 충분한 조건인 것은 아니다. 여기에 모순이 있다. 한편에서 우리는 자유를 경험하고 있으면서 다른 한편, 모든 사건에는 원인이 있고 인간의 행동도 하나의 사건이기 때문에 행동 또한 지진이나 폭풍우와 마찬가지로 인과적으로 충분한 설명을 가져야 한다는 견해가 매우 포기하기 힘든 것임을 발견하게 되는 것이다.

 까다로운 난제는 전제에 오류가 있다는 것을 보임으로써 종종 극복되곤 한다. 마음-신체 문제에서는 그 잘못된 전제가 문제를 기술하는 용어에 포함되어 있는 것으로 보인다. 정신과 물질, 물질주의와 이원론, 영혼과 육체 등의 용어에는 상호 배타적 범주의 실체를 일컫는 것이라는 잘못된 전제, 주관적이고 개인적이고 질적인 것으로서의 의식현상이 뇌의 범상한 물리적·생물학적 특질일 수는 없다고 하는 잘못된 전제가 포함돼 있다. 정신적인 것과 물질적인 것을 그저 배타적인 것으로 이해하는 이 같은 전제를 극복하면, 고전적인 마음-신체 문제에 대한 해결책은 주어질 수 있다고 본다. 그 해결책은 다음과 같다. 우리의 의식현상 전부가 뇌의 신경생물학적 과정에 의해 야기되며 뇌의 고위 수준 혹은 시스템 특질로서 실현된다는 것이다. 예컨대 당신이 통증을 느낀다면 그 통증은 일련의 신경활성에 의해 야기되며 통증 경험은 뇌에서 실제로 실현된다.[2]

마음-신체 문제에 대한 철학적 해결은 내가 볼 때 아주 어려운 것이 아니다. 그러나 이러한 방식의 해결은 문제를 신경생물학 영역으로 넘기게 되는데 이로써 우리는 매우 까다로운 신경생물학적 과제를 안게 된다. 뇌는 정확히 어떻게 작동하며 의식상태는 뇌에서 정확히 어떻게 실현되는가? 의식경험을 야기하는 신경과정은 무엇이며 뇌의 구조 안에서 정확히 어떻게 실현되는가?[i]

---

**2** 이 장에서의 편의상 마음현상을 설명하기 위한 적절한 기능 수준을 신경 수준으로 가정할 것이다. 다른 수준—예컨대, 미세소관, 신경연접, 신경지도, 혹은 신경 집단 전체—인 것으로 밝혀지게 될지도 모를 일이지만, 이 장에서의 목적상 신경생물학적 설명의 올바른 수준이 무엇인지는 그리 문제되지 않는다. 중요한 것은 신경생물학적 설명 수준이 존재한다는 점이다.

i NCC(neural correlates of consciousness: 의식의 신경상관자)에 관한 언급으로 보인다. NCC에 대한 정의는 신경과학자인 코흐(C. Koch)와 철학자인 차머스(D. Chalmers)가 서로 유사하게 내리고 있는데, 종합하면 어떤 의식내용의 NCC는 이를 유발하기에 충분한 최소한의 신경 메커니즘(혹은 표상 시스템)이다. 이때 의식내용이란 대체로 현상적 의식을 말한다. 시각경험에서 일차시각피질(V1)보다 시각연합피질인 하측두피질(IT)이 NCC의 보다 가능성 있는 후보인 이유는 IT에서의 발화 패턴이 피험자의 현상적 의식 체험과 일치하기 때문이다. NCC가 반드시 해부학적으로 정의되어야 하는 것은 아니며, 시간적 속성 혹은 생리적 속성으로서 규정될 수도 있다.

자유의지 문제도 유사하게 변형시켜 볼 수 있다. 문제를 충분히 분석하고 여러 가지 철학적 혼란을 제거하면 남는 것은 본질적으로 뇌가 어떻게 작동하는지에 관한 것이다. 이를 위해서 철학적 논점 몇 가지를 먼저 명확히 할 필요가 있다.

스스로 자유의지를 가진 존재라고 보는 우리의 확신이 왜 그토록 포기하기 힘든지를 묻는 것에서부터 시작해보자. 나는 이같은 확신이 의식적 경험에 두루 편재해 있는 특질에서 비롯된다고 본다. 맥주를 주문한다거나 영화를 본다거나 세금을 계산하는 등의 일상적인 의식활동을 생각해보면 지각의식perceptual consciousness이 갖는 수동적 특성과 소위 의지의식volitional consciousness이 갖는 능동적 특성의 뚜렷한 차이를 발견하게 된다. 공원에서 나무를 바라보고 있을 때 나무에 대한 시각경험은 내 의사와 무관하게 형성된다고 느낀다. 시각경험이 형성되는 것은 세계의 상태와 나의 지각체계가 어떠한지에 달려 있다. 이와 달리, 걸음을 내딛거나 팔을 올리거나 머리를 긁적일 때 우리는 지각경험에서는 찾을 수 없던 특성, 즉, 자유롭고 자발적인 행동이 갖는 특성을 경험하게 된다. 그 특성은, 믿음이나 욕구처럼 '이유'라는 형태로 행동에 작용하는 행동의 선행인자들이 그 행동을 일으키기에 인과적으로 충분한 조건은 아니라고 느끼는 것이며, 달리 표현하면 다른 경로의 행동을 취할 여지가 내게 있다고 느끼는 것이다.

합리적 의사결정과정을 생각해보면 이점은 더욱 두드러진다. 나는 지난 대통령 선거에서 어느 후보에게 표를 줄지 결정했어야 했는데 편의상 부시에게 투표했다고 하자. 내가 부시에게 표를 줄 만한 이유가 있었을 테고 또 표를 안 줄 만한 이유도 있었을 것이다. 앞의 이유에 근거해서 부시에게 투표하기로 결심하고 실제로 투표장에서 부시에게 표를 찍을 때, 흥미롭게도 내 행동에 선행하는 이유가 인과적으로 충분한 조건의 것이라고는 느껴지지 않았다. 내가 그 같은 결정을 하게 된 이유가 그 결정을 강제하기에 인과적으로 충분한 것이라거나 혹은 나의 결심이 내 행동을 강제하기에 충분한 원인이라고는 생각지 않았다. 고민한 후 행동을 하는 전형적인 경우, 숙고와 결정과 행동이라는 일련의 과정 각 단계에 작용하는 원인과 각 단계의 실제 결과 사이에는 간극$^{gap}$, 혹은 일련의 간극들이 존재한다. 이 간극들은 여러 부분으로 나뉠 수 있다. 동기와 결정 사이에 간극이 존재하며 결정과 행동의 시작 사이에 간극이 존재한다. 장기간에 걸친 행동, 이를테면 독일어를 배우려 한다거나 영국해협을 헤엄쳐 건너겠다고 하는 경우, 행동의 시작과 그 행동을 완료하기까지 지속하는 것 사이에 간극이 존재한다. 이런 측면에서 의지적 행동은 지각과 상당한 차이가 있다. 지각에도 의지적인 요소가 있기는 하다. 예컨대 애매한 그림을 오리로 볼지 토끼로 볼지 선택할 수 있지만[ii] 대부분의 경우에서 지각경험은 인과적으로 결정된다. 의지에 관해서는 자유의 문제가 제기되지만 지각에서는 그렇지 않은 이유이다. 내가 말하는 간극은 의식적이고 자발적인 행동에서 드러나는 특성이다. 단계마다 선행하는 의식상태가 뒤따르는 의식상태를 결정짓기에 충분한 것으로는 경험되지 않는다. 간극의 경험은 하나의 연속적인 것이지만 앞에서처럼 이를 세 가지로 나눠볼 수 있다. 간극은 하나의 의식상태와 그 다음 의식상태 사이에 있는 것이지, 의식상태와 신체 움직임 사이 혹은 물리적 자극과 의식상태 사이에 있는 것은 아니다.

   자유의지의 경험은 부정하기가 매우 어렵다. 자유의지에 대한 경험을 착각이라고 생각하는 사람조차도 이를 착각으로 치부하고서는 행동을 실제로 행하기가 불가능하다는 것을 안다. 행동을 위해서는 자유가 전제되어야 한다. 레스토랑에서 송아지요리를 주문할지 돼지고기요리를 주문할지 선택해야 하는 상황을 떠올려보자. 이때 자유의지가 발휘되는 것을 당신은 거부할 수 없는데 왜냐하면, 거부라는 행위 자체도 당신이 그것을 당신 자유의지에 의한 것이라고 받아들이는 경우에 한해서만 거부라고 인식될 수 있기 때문이다. 당신이 웨이터에게 "저기요, 나는 결정론자입니다. 그러니 될 대로 되라지요. 나는 내가

ii   ▪   Duck-Rabbit Illusion

무엇을 주문하는지 그냥 지켜보겠습니다"라고 말하는 경우에서처럼, 자유의지의 발휘를 거부하는 것이 당신에게 하나의 행위로 인식될 수 있는 것은 당신이 이를, 당신의 자유의지가 적용된 것으로서 받아들이고 있기 때문이다. 칸트는 이 점을 오래전에 지적하였다. 생각을 통해 자유의지를 배제시킬 수는 없다. 간극에 대한 의식적 경험은 우리로 하여금 인간의 자유에 대해 확신하게 한다.

이제 다른 편으로 눈을 돌려서, 결정론에 대해 우리가 확신을 갖는 이유를 생각해보자. 결정론을 지지하는 논변은 자유의지를 지지하는 논변만큼이나 설득력 있어 보인다. 우리가 세계와 관계함에 있어 기초가 되는 것은, 세계가 인과적으로 질서 지워져 있음을 발견하는 것이다. 세계 안에서 발생하는 자연현상은 원인에 대한 설명을 가지는데 이때 그 설명이 기술하는 것은 인과적 충분조건이다. 철학에서는 이 점을 관례상 다음과 같이 말한다, 모든 사건에는 원인이 있다. 이 같은 정식화가 인과 문제에 관한 생각의 난맥상을 포착하기에는 지나치게 조야하지만 기본이 되는 생각 자체는 충분히 명확하다. 자연에 관한 문제를 다룰 때 우리는 모든 것이 인과적으로 충분한 선행요인의 결과로서 발생한다고 여긴다. 원인을 들어 설명할 때, 인용되는 원인이 '나머지 맥락과 더불어' 설명되고 있는 사건을 야기시키기에 충분하다고 생각하는 것이다. 앞에서 예를 들었던 지진의 경우, 우리는 그 사건이 우연히 일어났다고 생각하는 것이 아니라 그 상황에서는 그것이 일어날 수밖에 없었다고 생각한다. 그 맥락에서 그 원인들은 그 사건을 결정하기에 충분하다.

20세기 초 수십 년간에 걸쳐 흥미로운 변화가 있었는데, 물리학의 가장 근본 수준에서 자연이 결정적인 방식을 취하지 않음이 밝혀진 것이다. 양자역학의 수준에서 우리는 비결정론적인 설명을 받아들이게 되었다. 그러나 양자 비결정론은 자유의지 문제에 관한 한 지금까지 우리에게 아무런 도움이 되지 못하고 있다. 왜냐하면 비결정론에 의해 우주의 기본적 구조에 도입되고 있는 것은 임의성인데, 행동이 자유롭게 형성된다는 가설과 행동이 임의적으로 발생한다는 가설은 결코 같은 것이 아니기 때문이다. 이에 대해서는 나중에 좀더 논의하겠다.

의식과 심지어 자유의지 문제까지 양자역학의 관점에서 설명하려는 시도들이 많이 있다. 이들 중에서 약간이라도 납득할 만한 것을 나는 아직 보지 못했다. 그렇지만 논의를 위해 다음의 사항은 기억해두는 것이 좋겠다. 즉, 우주에 관한 이론의 가장 근본적 수준에서 결정론적이지 않은 자연현상에 대해 설명할 수 있게 되었다는 것이다. 이 가능성은 자유의지 문제를 신경생물학적 문제로서 논의할 때 중요한 점이 될 것이다.

앞에서도 말했지만, 자유의지 문제가 특정 종류의 의식에 관한 문제라는 것은 강조될 필요가 있다. 간극에 대한 의식적 경험이 없다면, 즉, 자유롭고 자발적이고 합리적인 행동이 갖는 독특한 특성에 대한 의식적 경험이 없다면, 자유의지 문제는 발생하지 않았을 것이다. 자유의지의 존재에 대해 우리가 확신하게 되는 것은, 의식에서 발견되는 이 같은 특성 덕분이다. 문제는, 자유를 경험한다는 것까지는 인정하더라도 이 경험이 과연 확실한 근거를 가진 것일까? 그저 착각에 불과한 것은 아닐까? 경험 자체를 넘어 이에 상응하는 실재가 있는가?, 하는 것이다. 행동에는 인과적으로 선행하는 요인이 있다고 봐야 하는데, 여기서의 문제는, 인과적 선행요인은 행동을 결정짓기에 모든 경우에서 충분한가? 아니면 충분치 않은 경우도 있는가? 만약 그런 경우가 있다면 이를 어떻게 설명하면 좋을까?, 라는 것이다.

우리가 처한 상황을 꼼꼼히 짚어보자. 한편에서 우리는 자유를 경험하고 있는데 이미 언급했듯이 이는 간극에 대한 경험이다. 그 간극은 자유롭고 자발적인 결정과정에서 선행요인과 행동 간에, 그리고 의사결정과 실제 행동을 수행하는 것 간에 존재하는 간극이다. 다른 한편에서 우리는, 자연이 인과적으로 충분한 조건에 따라 발생하는 사건의 연속체라는 전제 내지 가정을 갖고 있으며 인과적 충분조건을 상정하지 않고서는 어떤 현상도 설명하기 어렵다고 생각한다.

후속 논의를 위해서, 간극에 대한 경험이 심리적으로 유효한 것으로 간주하고자 한다. 다시 말해, 자유롭고 자발적이고 합리적인 인간의 수많은 행동에서, 심리적 선행요인은 해당 행동을 결정하기에 인과적으로 충분치 않다고 추정하고자 한다. 이는 대통령 선거에서 표를 줄 후보를 선택하는 동안 내게 일어났던 일이기도 하다. 심리적 결정론을 사실로 받아들이는 이들이 많다는 것을 알고 있다. 그리고 내가 이를 결정적으로 반박한 것도 분명 아니다. 허나, 자유에 대한 심리적 체험은 워낙 강한 것이어서 만약 이것이 심리적 수준에서 발생하는 커다란 착각에 불과하고 우리가 하는 행동 모두가 심리적으로 강제된 것이라고 판명된다면 이는 매우 놀라운 일이 될 것이다. 심리적 결정론을 반박하는 논변들이 있지만 여기서 언급하지는 않겠다. 나는 심리적 결정론을 오류로 간주하고자 한다. 또한 결정론의 진짜 문제는 심리적 수준에 있는 것이 아니라, 보다 근본적인 신경생물학적 수준에 있다고 간주하고자 한다.

자유의지에 대한 잘 알려진 이슈 몇 가지가 있는데 간단히만 언급하고 넘어가겠다. 양립가능론compatibilism에 대해서는 별로 논할 게 없다. 양립가능론을 따르자면 자유의지와 결정론은 실로 모순이 없다. 그러나 내가 지금 사용하는 이들 용어의 정의상, 결정론과 자유의지는 양립하는 것이 불가능하다. 결정론 논제에 의하면, 모든 행동에는 그것에 선행하면서 행동을 결정짓는 인과적 충분조건이 있다. 자유의지 논제에 의하면, 인과적 충분조건이 선행하지 않는 행동도 있다. 이처럼 정의되는 한 자유의지는 결정론에 대한 부정이 된다. 이들 용어가 갖는 어떤 의미에서는 자유의지와 결정론이 필시 양립 가능할 수 있겠지만 (예를 들어 '즉시 석방Freedom Now'이라는 피켓을 들고 거리 행진하는 사람들에게는 그럴 수 있을 것이다. 그렇지만 이들에게, 물리적 혹은 신경생물학적 법칙은 아마도 관심사항이 아닐 것이다), 이는 내가 관심 두고 있는 바에서의 의미는 아니다. 도덕적 책임 문제에 관해서도 얘기하지 않을 것이다. 자유의지 문제와 도덕적 책임 문제 간에는 아마도 흥미로운 연결점이 있을 것이다.[iii] 그렇다 하더라도 이 장에서 언급할 사항은 아닌 것 같다.

---

[iii] 예컨대, Strawson G. (2008). The Impossibility of Moral Responsibility. In : *Ethical Theory: An Anthology Real Materialism*. Ch. 19 : 319~337.

## 02

## 의식은 어떻게 몸을 움직일 수 있는가?

자유의지 문제는 특정 종류의 의식과 관련한 인과적 사실의 문제이므로, 의식이 일반적으로 몸의 움직임에 어떻게 원인으로 작용할 수 있는지에 대해 설명할 필요가 있다. 의식은 어떻게 해서 몸을 움직일 수 있는 걸까? 의식적인 노력에 의해 몸을 움직이는 것은 삶에서 가장 흔히 경험하는 것 중 하나이다. 예를 들어 팔을 올리려고 의도하면, 자 보라, 팔은 올라간다. 이보다 더 평범한 일이 있을까? 이처럼 싱거운 일이 철학적으로 곤혹스러운 것이 되고 있다는 점은, 우리가 뭔가 실수를 저지르고 있음을 시사한다. 이 실수는 정신과 물질에 관한 낡은 데카르트적 구분의 유산을 충실히 따르는 것에서 비롯한다. 의식이란 것이 워낙 무게도 없고 영묘하며 비물질적인 것이어서 사지 중 어느 하나도 움직일 수 없을 것처럼 보인다. 그러나 앞에서 설명하려 했던 것처럼 의식은, 상위 수준에서의 뇌가 보이는 생물학적 특질이다. 의식이라고 하는 고위 수준에서의 특질이 어떻게 신체적 효과를 발휘할 수 있는지, 형이상학적으로 좀 덜 혼란스러운 경우에서의 예를 통해 생각해보자.

고위 수준 혹은 시스템으로서의 특질과 미시 수준에서 일어나는 현상 간의 관계를 예시하기 위해 로저 스페리Roger Sperry의 예를 인용하고자 한다. 언덕을 굴러 내려가는 바퀴를 생각해보자. 바퀴는 전적으로 분자들로 구성되었다. 분자의 작용으로 인해 고형성solidity이라고 하는 고위 수준, 혹은 시스템으로서의 특질이 생겨난다. 고형성은 반대로 개별 분자의 행동에 영향을 준다. 개별 분자의 궤적은 단단한 바퀴 전체의 움직임에 의해 영향을 받는다. 하지만 당연히 분자 외에는 아무 것도 없다. 바퀴는 분자들로만 이루어졌다. 따라서 고형성이라는 성질이 바퀴의 움직임이나 그 바퀴를 구성하고 있는 개별 분자의 행동에 인과적으로 작용한다고 할 때, 그 고형성은 분자들에게 '부가적으로 더해진' 무엇이라기보다는 분자들이 처해 있는 '조건'일 따름이다. 그럼에도 불구하고 고형성은, 인과적 영향을 실제로 발휘하는 실재하는 특질이다.

고형성과 분자활동 간의 관계, 그리고 의식과 신경활동 간의 관계 사이에는 물론 차이점이 많다. 이에 대해서는 나중에 더 설명하기로 하고 우선은 방금 탐색해보았던 특성에 초점을 맞춰보자. 이 특성은 의식과 뇌 사이의 관계에도 적용될 수 있다고 본다. 뇌에는 신경(신경교세포, 신경전달물질, 혈류 등과 함께) 말고는 없지만 뇌가 보이는 의식이라는 특질은 단위 신경 수준에 영향을 미친다. 또한 개별 분자의 움직임이 원인이 되어 고형성을 형성하듯, 개별 신경의 활동이 원인이 되어 의식을 형성한다. 의식이 몸을 움직이게 할 수 있다고 얘기할 때 우리가 정작 얘기하고 있는 것은, 신경구조가 몸을 움직인다는 것이다. 그런데 신경구조가 그 방식으로 몸을 움직일 수 있는 것은, 그 신경구조가 바로 그 의식상태에 처해 있기 때문이다. 고형성이 바퀴의 특질인 것처럼 의식은 뇌의 특질이다.

의식을 단지 뇌의 생물학적 특질이라고 생각하기를 주저하게 되는 것은 일정 부분 이원론적인 전통 때문이기도 하지만 한편, 의식이 만약 신경활동으로 '환원될 수 없는' 것이라면 의식은 뭔가 외적인 것, 신경활동보다 '초월적인' 무엇이어야 한다고 생각하는 경향이 있기 때문이기도 하다. 물론 의식은 고형성과 달리, 존재론적으로는 물리적인 미시구조로 환원될 수 없다. 의식이 외부에 있는 무엇이어서가 아니라, 의식이 일인칭적 혹은 주관적 존재론을 가지고 있어서 삼인칭 혹은 객관적 존재론의 것으로는 환원될 수 없기 때문이다.[3] 지금까지의 간략한 논의를 통해 의식이 어떻게 원인이 되어 '신체적' 결과를 초래할 수 있는지, 이 사실과 관련해서 왜 불가사의한 점은 없는 것인지를 설명하고자 했다. 내 팔을 올라가게 한 것은 나의 의식적 행위-의도intention-in-action이다. 의식적 행위-의도는 물론 뇌라는 시스템이 갖는 특질이며, 신경세포 수준에서는 신경세포들의 활동만으로 온전히 형성되는 특질이다. 이러한 설명에 존재론적 환원주의는 개입되지 않는다. 의식이 환원 불가능한 일인칭적 실체라는 것을 설명의 어떤 부분에서도 부정하지 않기 때문이다. 그러나 인과적 환원은 있다. 의식이 신경(및 여타 신경생물학적) 구조가 갖는 인과력을 넘어서는 인과력을 갖는 것은 아니다.

---

**3**  더 자세한 논의는 존 설의 *The Rediscovery of Mind*(Cambridge, Mass.: MIT Press, 1992), 특히 5장을 보라.

03

## 합리적 설명의 구조

자유의지 문제가 특정 종류의 의식 문제라는 것은 이미 지적한 바 있다. 간극이 드러나는 행동, 즉, 자유롭고 합리적으로 내린 결정의 표출이랄 수 있는 행동에 대해 우리가 하고 있는 종류의 설명을 들여다보면 자유의지의 경험이 행위에 대한 설명의 논리적 구조 속에 반영되고 있음을 발견하게 된다. 합리적 의사결정에 부합하는 설명이 자연현상을 기술하는 전형적인 설명과는 달리 형식에 있어서 결정론적이지 않은 이유는 한마디로 이 간극 때문이다. 어떻게 해서 그런지 다음의 세 가지 설명을 비교해보자.

1. 투표용지에 천공을 했는데 왜냐하면 부시에게 투표하려고 했기 때문이다.
2. 머리가 몹시 아팠는데 왜냐하면 부시에게 투표하려고 했기 때문이다.
3. 유리잔이 바닥에 떨어져 깨졌는데 왜냐하면 탁자 위 유리잔을 실수로 떨어뜨렸기 때문이다.

이 예문들 중에서 1과 2는 구문구조가 서로 유사하고 3과는 달라 보인다. 그러나 나는, 기저의 논리구조에서 2와 3이 같고 1과는 다르다고 생각한다. 3은 전형적인 인과설명으로서 하나의 사건이나 상태가 다른 사건이나 상태를 유발한 것에 대한 진술이다. 이의 논리구조는 간단해서, "A가 B를 유발했다"이다. 그러나 1은 상당히 다르다. 1과 같은 형식의 진술에서, 문맥을 고려할 때 '왜냐하면'의 뒤에 기술된 사건이 발생한다고 해서 '왜냐하면'의 앞에 기술된 사건이 반드시 발생한다고는 생각지 않는다. 우리는 진술 1을, 부시에게 표를 던지고자 했던 내 의도가 나로 하여금 투표용지에 천공할 수밖에 없도록 강제했다거나 혹은 그 당시 나의 심리적 상태를 고려할 때 달리 도리가 없었음을 의미하는 것으로 해석하지는 않는다. 이러한 형식의 진술이 간혹 인과적으로 충분한 조건을 예증할 때도 있기는 하지만 진술의 형식으로부터 그 점이 요구되는 것은 아니다. 2를 살펴보면 3의 경우와 마찬가지로 인과적으로 충분한 조건에 관한 진술이다. 2의 형식은 3처럼 간단해서, "A가 B를 유발했다"이다. 부시에게 투표하려 했던 의도는 그 맥락에서 내가 두통을 느끼게 된 사건을 일으키기에 인과적으로 충분한 것이다.

합리적 설명이 갖는 이러한 특성은 모순에 가까운 문제 하나를 제기하는데, 어떤 설명이 만약 인과적으로 충분한 조건을 제시하지 못한다면 그것이 설명할 수 있는 것은 실제로 아무 것도 없는 것처럼 보인다는 것이다. 동일한 선행조건에서 다른 사건 역시 인과적으로 가능한데도 왜 하필 그 사건이 일어났는지를 묻는 질문에 답할 수 없기 때문이다. 이 질문에 답하는 것은 자유의지를 논하는 데 있어서 중요한 부분이라고 생각되기 때문에 약간의 시간을 더 할애하고자 한다.

이유를 들어 자발적 행동을 설명하는 것은 통상의 인과적 설명과는 다른 논리적 구조를 갖는다. 인과적 설명의 일반적인 논리구조는 "사건 A가 사건 B를 유발했다"처럼 간단하다. 맥락에 따라 다소 차이가 있겠지만 해당 맥락에서 A라는 사건이 B라는 사건을 일으키기에 인과적으로 충분하다고 생각되면 우리는 그 설명을 충분한 것으로서 대개 받아들인다. A가 발생하면 맥락상 B 또한 발생하는 것이다. 그런데 "어떤 사람이 R이라는 이유 때문에 A라는 행동을 했다"와 같은, 인간의 행동에 대한 설명의 형식은 이와 다른 논리구조를 갖는다. "A가 B를 유발했다"와 같은 형태는 아니다. 행동 이유에 대한 설명의 논리구조를 제대로 이해하기 위해서는 이 같은 형식의 설명에 자신 혹은 자아 개념의 설정이 요구된다는 사실을 깨달을 필요가 있다. "행위자 S가 R이라는 이유 때문에 A를 행했다"라는 진술의 논리구조는 "A가 B를 유발했다"이기보다는 "S라는 자아가 A를 행했는데, A를 행함에 있어 S는 R이라는 이유에 근거했다"이다. 합리적 설명이 갖는 이와 같은 논리구조는 전형적인 인과적 설명의 경우와는 상당히 다르다. 이 같은 설명이 제시하고 있는 것은, 인과적으로 충분한 조건이라기보다는 행위자가 행동할 때 근거한 이유이다. 상황이 이렇다면 다소 특이한 결과가 도출된다. 행동을 합리적으로 설명하기 위해서는 사건의 연쇄만으로는 부족하고 이에 더해 환원 불가능한 자아, 합리적 행위자의 존재를 상정할 필요가 있다는 것이다. 두 가지 가정을 추가로 명시하고 앞에서 제안한 것에 이를 보태면 자아의 존재를 유도해낼 수 있을 것이다.

가정 1. 이유를 들어 설명하는 전형적인 경우, 인과적으로 충분한 조건을 말하지는 않는다.
가정 2. 이 같은 이유설명이 행동에 대한 설명으로서는 충분할 수 있다.

가정 2가 사실이라고 내가 어떻게 알 수 있을까? 그러한 설명이 충분할 수 있다는 것, 그리고 실제로 자주 그렇다는 것을 나는 어떻게 알 수 있을까? 어떤 행동을 할 때 나는 무슨 이유에서 내가 그렇게 하는지를 대체로 정확히 알고 있으며, 그 이유를 대는 것으로서 나의 행동에 대한 충분한 설명이 된다는 것을 알기 때문이다. 그리고 그 같은 이유 때문에, 오로지 그 이유에 근거해서 내가 행동했다는 것을 나 스스로 알고 있기 때문이다. 물론, 행동을 설명하는 온갖 종류의 무의식, 자기기만, 그리고 그밖에 알려지지 않았거나 인식되지 않은 이유들이 있다는 것을 인정할 수밖에 없다. 그렇지만 이상적인 경우, 즉, 이유에 근거해서 의식적으로 행동하고 또 그 행동이 그 이유에 근거하고 있다는 사실을 내가 의식적으로 알고 있는 경우, 그 이유를 적시하는 것만으로도 내 행동에 대해 더할 나위 없이 충분한 설명이 될 수 있다.

우리는 이미 세 번째 가정을 만들고 있다.

가정 3. 인과적으로 충분한 설명은 해당 맥락에서 인과적으로 충분한 조건을 전거典據로 든다.

인과적 진술이 어떤 사건에 대한 설명이 될 수 있기 위해서는 해당 맥락에서 그 사건을 발생시키기에 충분한 조건이 무엇인지를 예시하는 진술이어야 함을 가정 3은 말하고 있다. 가정 1과 가정 3으로부터 다음의 결론을 끌어낼 수 있다.

    결론 1. 일상적인 원인설명causal explanations의 의미로 파악하면, 이유설명reason explanations은 충분하지 못한 것이 된다.

이유설명을 그저 일상적인 원인설명으로 추정하려 든다면 우리는 곧장 모순에 빠지게 될 것이다. 이 모순을 피하기 위해서는 다음과 같이 결론지어야 한다.

    결론 2. 이유설명은 일상적인 원인설명이 아니다.

이유설명에도 인과적 요소가 있긴 하지만 "A가 B를 야기했다"와 같은 방식은 아니다.

한 가지 문제가 남았다. 인과적 요소를 가지고 있음에도 불구하고 표준적인 원인설명이 아니라면 이유설명을 어떻게 충분한 것이라고 할 수 있을까? 답하기가 어려울 것 같지는 않다. 이유설명이 비록 사건에 대한 충분한 원인을 제시하지는 않지만 그 대신, 의식적이고 합리적인 자아가 어떻게 이유에 작용을 하는지, 즉 행위자가 자유롭게 작용을 해서 그 이유로 하여금 어떻게 유효한 것이 되도록 하는지에 관해서는 자세하게 제시한다. 주의 깊게 살펴보면 이유설명의 논리형식에는 환원 불가능한 비흄적 자아non-Humean self의 설정이 요구된다.

> 결론3. 이유설명이 충분한 이유는 자아가 왜 그 같은 방식으로 행동했는지를 설명하기 때문이다. 이유설명은, 행동을 할 때 자아가 근거했던 이유를 명확히 함으로써 간극 안에서 작용하는 합리적 자아가 왜 다른 방식이 아닌 바로 그 방식으로 행동했는지를 설명한다.

다음의 두 가지 경로를 통해 간극에 접근해볼 수 있다. 하나는 경험적인 것이고 다른 하나는 언어적인 것이다. 우리는 스스로를 간극 안에서 자유롭게 행동하는 존재로 경험하며, 이 경험은 행동에 대한 이유설명의 논리구조 속에 반영된다. 우리는 스스로를 합리적 행위자로서 행동한다고 여기며, 행동을 설명하는 언어적 관례에 이 간극은 반영된다. 이유설명에서 언급하는 것이 인과적 충분조건은 아니기 때문이다. 흄의 지각다발 Humean bundle of perceptions[iv]로는 이유설명의 타당성을 충분히 밝

---

iv     *    흄이 파악하듯 우리의 정신이 유동하며 변화해가는 지각다발에 불과하다면 저자의 주장에서처럼 이유에 작용할 수 있는 통합된 실체로서의 '자아'는, 저자의 의도와는 달리 성립하기 어려운 것이 될 것이다.

힐 수 없으므로 이유설명이 납득될 수 있는 것이기 위해서는 간극 안에서 활동하는 존재, 즉, 합리적 행위자, 자신 또는 자아의 존재를 인정할 수밖에 없다. 환원 불가능한 비흄적 자아의 작동을 상정해야 하는 것은, 자발적 행동의 실제 경험이 갖는 특성일 뿐만 아니라 그 행동에 대한 이유설명이 갖는 특성이기도 하다.

모든 설명이 그렇듯 이유설명에 대해서도 왜 그 이유만이 유효하고 다른 이유는 그렇지 않은지를 묻는 질문이 추가로 제기될 수 있다. 예를 들어 교육체계의 개선을 원해서 부시에게 표를 주었다고 할 때 교육체계의 개선을 원하는 이유가 무엇인지, 그리고 그 이유를 다른 이유들에 비해 더 설득력 있는 것으로 받아들인 까닭은 무엇인지와 같은 질문이 따를 수 있다. 설명의 요구가 언제까지나 이어질 수 있다는 것에 동의하지만, 이는 어떤 설명의 경우에서도 마찬가지다. 비트겐슈타인이 상기시킨 것처럼 설명은 어디에선가는 멈춰야 한다.[v] 교육체계의 개선을 바라고서 부시에게 투표했다고 말한 것에 충분하지 못한 점은 없다. 후속 질문을 허용한다는 점이 대답이 부족하다는 것을 드러내는 것은 아니다.

나는 지금 『행동에서의 합리주의』[4] 3장에서 상세하게 다루고

---

[v] 비트겐슈타인, 『철학적 탐구 Philosophical investigations』

있는 복잡한 논쟁을 간략히 언급하는 중인데, 그 논쟁의 요지는 다음의 요약으로도 옮길 수 있다. 이유에 따라 행동한다는, 일인칭적이고 의식적인 경험을 우리는 갖는다. 또한 설명이라는 형식으로 행동의 이유를 진술한다. 그 설명은 명백히 충분한데 왜냐하면 이상적인 경우에서 자신의 행동을 유발하는 데 그 이유 이상의 것은 필요치 않다는 것을 알기 때문이다. 그러나 이유설명을 일반적인 원인설명으로 취급하면, 인과적 충분성에 관한 검증을 통과하지 못할 것이므로 그 설명은 충분하지 못한 것이 된다. 이유설명은 논리적 형식에서도 그 해석에 있어서도 결정론적이지가 않다. 그렇다면 이 사실을 어떻게 설명해야 할까? 이유설명이 갖는 속성을 분명히 하기 위해서는 이유설명의 형식이 "A가 B를 야기했다"가 아니라는 점에 주목해야 한다. 그보다는, "합리적 자아 S가 A라는 행동을 했다. S는 A를 행함에 있어 R이라는 이유에 근거했다"라는 형식이다. 이 같은 형식화를 위해서는 '자아'를 설정하는 것이 필요하다.

결론 3은 가정들에서부터 연역적으로 추론된 것이 아니다. 제시된 논변은 다음 용어가 갖는 칸트적 의미에서 '선험적 transcendental'인 것이다. 여차여차한 것을 사실로 받아들이고 질문해보자. 이들 사실을 가능케 하는 조건은 무엇인가? 합리적

---

**4** ◦ John R. Searle, *Rationality in Action*.

설명을 타당한 것일 수 있도록 하는 조건은, 이유에 근거해서 행동할 수 있는 비환원적 자아, 합리적 행위자의 존재라고 생각한다.

지금까지의 논의를 다시 정리해보자. 첫째, 자유의지 문제가 특정 형태의 인간 의식이 갖는 특질 때문에 발생한다는 것을 보았다. 둘째, 명백히 자유로워 보이는 우리의 행동을 설명하기 위해서는 비환원적 자아라는 개념이 도입될 필요가 있다는 것을 보았다. 문제 하나를 해결하려면 다른 한 묶음의 문제를 풀어야 하곤 하는데 이는 철학이 갖는 전형적인 모습이기도 하다. 하나의 문제를 위해 나는 세 가지 문제를 제기한 듯하다. 자유의지 문제로부터 출발해서 이제 우리는 자유의지, 의식, 자아의 문제를 가지게 되었다. 이 문제들은 서로 긴밀히 맞물려 있는 것으로 보인다.

## 04

### 자유의지와 뇌

이번 장의 주요 질문으로 돌아가서, 자유의지 문제를 신경생물학적인 문제로 어떻게 다룰 수 있을까? 자유의지라는 것이 단순한 착각이 아니고 이 세계의 진정한 모습 중 하나라면, 그에 해당하는 신경생물학적 실체가 반드시 있어야 한다는 것이 내가 세우려고 하는 가설이다. 말하자면 자유의지를 실현하는 뇌의 어떤 특질이 있어야 한다는 것이다. 의식은 상위 수준 혹은 시스템으로서의 뇌가 갖는 특성이며, 이는 다시 신경세포 혹은 시냅스와 같은 하위 수준의 요소에 의해 유발되는 것이라고 앞에서 말했다. 만약 그렇다면, 그리고 자유의지를 의식적으로 경험하는 것에 상응하는 신경생물학적 실재가 있다면, 이때 그 신경세포 혹은 시냅스의 활동은 어떤 것이어야 할까?

의식상태가 뇌의 상위 수준 혹은 시스템으로서의 특성인 동시에 하위 수준에서 진행되는 미세 과정에 의해 야기됨을 적시하는 것이, 전통적인 마음-신체 문제에 대한 철학적 해법이 될 것이라고 나는 주장해왔다. 시스템 수준의 현상으로는 의식, 지향성, 결정, 의도 등이 있고 미시 수준에 속한 것들로는 신경세포, 시냅스, 신경전달물질 등이 있다. 시스템 수준에서의 특질은 미세 요소의 움직임에 의해 결정되며, 미시 수준의 요소로 구성된 시스템 안에서 실현된다. 이전에, 의사결정과 행동 간에 존재하는 일련의 인과관계를 평행사변형의 형태로 묘사해본 적이 있는데, 상부에는 행동-의도에 이르게 되는 의사결정을, 하부에는 연쇄적인 신경활성화를 두었다. 그 모습은 아래와 같다.

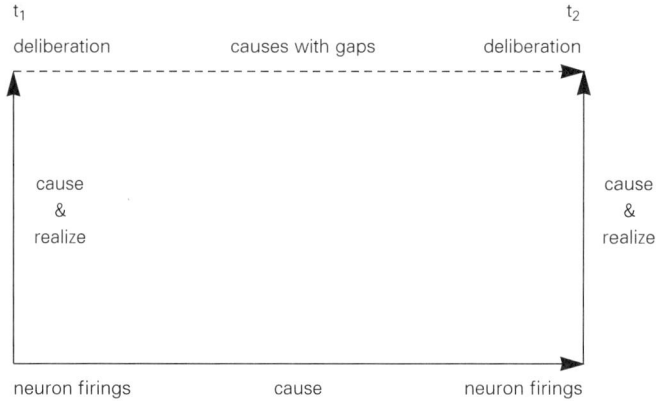

여기서 질문은, 합리적 의사결정에서 상부 과정에 간극이 존재한다면 이 간극은 하부의 신경생물학적 수준에는 어떤 식으로 반영될 수 있을까? 여하튼, 뇌의 처리과정 자체에는 간극이 없다. 두 가지 경합하는 가설을 검토하기 위해서 다음의 예를 살펴보자.

신화 속 얘기지만 파리스의 심판Judgment of Paris이라고 하는 잘 알려진 예가 있다. 파리스는 세 명의 아름다운 여신 헤라, 아프로디테, 아테나와 마주하고서 그들 중 누구에게 황금사과를 건넬지 고민하고 결정 내려야 했는데, 그 사과에는 '가장 아름다운 이에게'라는 글귀가 새겨져 있었다. 파리스는 여신들의 아름다움보다는 그들이 제시하는 선물을 보고 결정하기로 마음먹었다. 아프로디테는 파리스에게 세상에서 가장 아름다운 여인을 차지하게 될 것을 약속했고, 아테나는 그가 그리스와의 전쟁에서 트로이를 승리로 이끌게 될 것을, 그리고 헤라는 그가 유럽과 아시아의 통치자가 될 것이라고 약속했다. 중요한 것은 그가 결정을 내리기 전에 심사숙고를 거쳐야 했다는 점이다. 그는 그저 아무 생각 없이 반응한 것이 아니다. 우리는 또한 그의 숙고가 간극 내에서 이뤄졌을 것이라고 짐작한다. 즉, 일정 범위의 선택지가 자신에게 열려 있다는 것을 그는 의식적으로 감지하고 있었으며, 그가 내린 결정 또한 욕망이나 분노 혹은 강박에 의해 강제된 것이 아니다. 그는 곰곰이 생각을 한 후 자유롭게 결정내린 것이다.

파리스가 숙고를 시작한 시점이 있다고 가정하고 이를 t1이라고 하자. 아프로디테에게 마침내 사과를 건네준 시점 t2에 이르기까지 그의 숙고는 지속되었다고 볼 수 있다. t1과 t2 사이에 더 이상의 자극 입력은 없었다고 치자. 이 시간 동안 그는 자신이 받은 제안에 대해서만 생각했다. 그가 내린 결정에 기반이 되는 모든 정보는 시점 t1에서 그의 뇌 속에 이미 들어 있고, t1에서 t2까지의 과정은 아프로디테를 선택하는 데 이르기까지의 숙고과정이다. 이 예를 이용해서 지금껏 가능했던 것보다 더 정밀한 방식으로 자유의지 문제를 기술해볼 수 있다. 만약 t1에서의 뇌 상태 전체가 t2에서의 뇌 상태 전체를 인과적으로 결정짓기에 충분하다면, 이 경우뿐만 아니라 이에 상응하는 유사한 경우에서조차 파리스는 자유의지를 가질 수가 없다. 파리스에게 해당하는 것은 우리 모두에게도 해당한다. 만약 t1에서의 뇌 상태가 t2에 이르기까지 연이어 일어나는 뇌 상태를 인과적으로 결정짓기에 충분하지 못하다면, 그리고 좀더 명확히 할 필요가 있는 의식에 관한 가정 몇 가지를 보태면, 파리스는 자유의지를 가지게 된다. 그리고 다시, 파리스에게 해당하는 것은 우리 모두에게도 해당한다.

이 지점으로 모두 수렴하는 이유가 뭘까? 그것은, t2 바로 직전의 파리스의 뇌가, 그의 근육을 작동시켜 아프로디테에게 사과를 건네는 행동을 실현케 하기에 이미 충분한 상태이기 때문이다. 우리와 마찬가지로 파리스 역시 신경을 가진 인간이어서, 아세틸콜린이 그의 운동신경 축색 끝에 도달하고 연이어 나머지 생리적 과정이 일어나면 그의 팔은 사과를 손에 쥔 채 인과적 필연성에 따라 아프로디테를 향해 뻗쳐 갈 것이다. 자유의지 문제는 뇌에서의 의식적인 사고과정, 즉 자유의지의 '경험'을 구성하는 과정이, 완전히 결정론적인 신경생물학 시스템 내에서 어떻게 일어나느냐 하는 것의 문제이다.

두 가지 가설을 세워볼 수 있다. 제1가설은, 인과적으로 충분히 결정론적인 방식으로 뇌가 작동한다는 것이고, 제2가설은, 인과적으로 충분히 결정론적이지 않은 방식으로 뇌가 작동한다는 것이다. 하나씩 살펴보자. 첫 번째 가설에 따라, t2에서 아프로디테를 선택하도록 이끌었던 '충분치 않은' 심리적 선행조건, 즉 우리로 하여금 간극을 상정토록 했던 그 조건이 인과적으로 '충분한' 사건의 연쇄인 하위의 신경생물학적 수준에 대응한다고 가정해보자. 이 가정으로부터 얻어지는 것은, 심리적 자유론을 동반하는 일종의 신경생물학적 결정론이다. 파리스는 자유의지를 경험하지만 신경생물학적 수준에서 진정한 자유의지는 없다. 이것이 실제로 뇌가 작동하는 방식이고 자유의지의 경험은 착각에 불과하다는 것이 대부분의 신경생물학자들이 가진 견해일 것 같다. 외부로부터의 자극이나 신체 다른 부위로부터의 입력이 없다는 가정하에, 뇌에서의 신경처리과정은 연이어 일어나는 상태를 결정짓기에 인과적으로 충분할 터이니 말이다. 그렇지만 이 같은 결론은 지적으로 볼 때 매우 불만족스러운데 왜냐하면, 이로부터 주어지는 것이 일종의 부수현상론epiphenomenalism이기 때문이다. 이에 의하면, 우리가 경험하는 자유는 우리의 행동에 대해 아무런 실제적인 인과적 혹은 설명적 역할도 가질 수가 없다. 행동 역시 근육의 움직임을 결정하는 바로 그 신경생리에 의해 전적으로 결정되는 것이어서 자유의 경험은 착각에 불과하게 되는 것이다. 이 같은 견해가 만약 옳은 것이라면 진화로부터 우리는 단단히 속고 있는 것이다. 진화는 우리로 하여금 자유라는 착각을 갖게 했지만, 착각은 착각일 뿐 그 이상은 아니다.

제1가설에 대해서는 나중에 더 얘기하기로 하고 제2가설로 잠시 눈을 돌려보자. 제2가설로부터, 심리적 수준에 인과적 충분조건이 부재한다는 것과 신경생물학적 수준에서 인과적 충분조건이 부재한다는 것이 짝을 이룬다고 생각할 수 있다. 문제는 과연 이게 무엇을 의미할 수 있느냐는 것이다. 뇌에는 간극이 없다. 의식에서 나타나는 자유의지가 신경생물학적 실재를 가진다는 가설을 진지하게 검토할 수 있기 위해서라도 의식과 신경생물학의 관계에 대해 좀더 자세히 살펴볼 필요가 있다. 의식을 뇌라는 시스템이 갖는 상위 수준의 특성이라고 앞에서

애기했었다. 상위나 하위라는 은유적 표현이 내 자신의 글을 포함해서 문헌에 자주 등장하는데 사실 이는 그릇된 인상을 주는 것이라고 생각한다. 표현을 따르자면, 의식을 테이블 표면의 광택 같은 것인 양 여기게 되는데 이는 올바른 이해가 아니다. 표현하고자 했던 본래의 의미는, 의식이 시스템 전체의 특성이라는 것이다. 의식은 신경활동에 의해 발생하고 또 신경활동을 통해 실현되면서 뇌의 해당 부위 전체에 걸쳐 말 그대로 존재한다. 이 점을 강조하는 것은 중요한데 왜냐하면 이는 곧, 의식을 공간적 점유를 가질 수 없는 것으로 파악했던 데카르트적 유산[vi]을 부정하는 것이 되기 때문이다. 의식은 뇌의 특정 부위에 위치하며, 그 장소와 상관관계를 가지면서 인과적으로 기능한다.

뇌와 의식의 관계가 바퀴와 고형성의 관계와 유사함을 보임으로써 의식이 어떻게 인과적으로 기능할 수 있는지를 설명한 바 있다. 이 같은 분석에서 한 걸음 더 나아가면, 제2가설에 입각하여 시스템 전체의 의지의식이 갖는 논리적 특성이 그 시스템의 구성요소에 영향을 줄 것이라고 추정해야 함을 알게 된다. 시스템이 구성요소로만 이루어져 있음에도 불구하고 이는 사실

---

[vi] * 연장성(extension)은 데카르트의 실체 이원론에서 물리적 영역의 실체(res extensa)가 갖는 가장 뚜렷한 속성이다. 이에 의하면 심적 영역에 속한 실체에는 공간적 연장성이 없다.

이다. 바퀴가 전적으로 분자들로만 구성되어 있으면서도 바퀴의 고형성이 개별 분자에 영향을 끼치는 것과 같다. 이 비유가 갖는 효용성은, 의식이 신경활동에, 그리하여 신체의 움직임에 어떻게 영향 미칠 수 있는지와 관련한 신비감을 제거하는 데 있는데, 이는 미시 수준의 요소로만 전적으로 구성되어 있고 또 모든 인과력이 미시 수준의 요소가 갖는 인과력으로 환원될 수 있는 시스템에서, 그것의 시스템으로서의 특성이 어떻게 미시 수준의 요소에 영향 미칠 수 있는지를 좀더 이해하기 쉬운 경우를 통해 보임으로써이다. 그러나 비유는 비유로서 그친다. 고형성에 대한 분자의 운동과 의식에 대한 신경활동 간의 유비는 최소한 두 가지 측면에서 부족하다. 첫째, 바퀴는 완전히 결정론적인 것으로 여겨지는 반면 의식적이고 자발적인 의사결정에 관여하는 뇌의 특성은, 검토 중인 가설에 의하면 결정론적이지 않다는 것이다. 둘째, 바퀴의 고형성은 인과적으로뿐만 아니라 존재론적 측면에서도 분자들의 운동으로 환원이 가능한 반면 의식의 경우는, 인과적으로는 미세 요소의 운동으로 환원될 수 있다고 짐작되지만 존재론적으로까지 환원시킬 수는 없다. 의식의 일인칭적 존재론은 삼인칭적 존재론으로 환원될 수 없기 때문이다.

제2가설을 정식화하기 위한 정지작업을 거치면서 세 가지 요구사항을 가지게 됐다. 첫째, $t1$에서의 뇌 상태는 $t2$에서의 뇌

상태를 인과적으로 결정짓기에 충분치 않다는 것이다. 둘째, t1에서 t2로의 상태 변화는 전체 시스템의 특성으로만, 특히 의식적 자아가 개입하여 작용하는 것으로만 설명할 수 있다는 것이다. 셋째, 임의의 순간에 의식적 자아가 보이는 특성 전체는 그 시점에서 신경세포 등, 미세 요소들의 상태에 의해 전적으로 결정된다는 것이다. 시스템의 상태는 그 어떤 순간에도 미세 요소에 의해 전적으로 정해지는데 왜냐하면, 인과적으로 볼 때 미세 요소 외에는 아무것도 없기 때문이다. 신경상태가 의식상태를 결정한다. 그렇지만 한 시점의 신경/의식상태는 다음 시점의 신경/의식상태에 대해 인과적으로 충분하지 않다. 한 상태에서 다음 상태로의 이행은 초기의 신경/의식상태로부터 시작된 합리적 생각의 진행과정이라고 할 수 있다. 매순간 의식의 상태는 전적으로 신경활동에 의해 결정되지만, 시점 간 이행에서 시스템 전체의 상태는 다음 시점의 상태를 인과적으로 충분히 결정짓지 못한다. 자유의지는 만약 그것이 정말 존재한다면, 시간 내에서의 현상이다. 이를 표현하기 위해 내가 그릴 수 있는 도식은 기껏 다음과 같다.

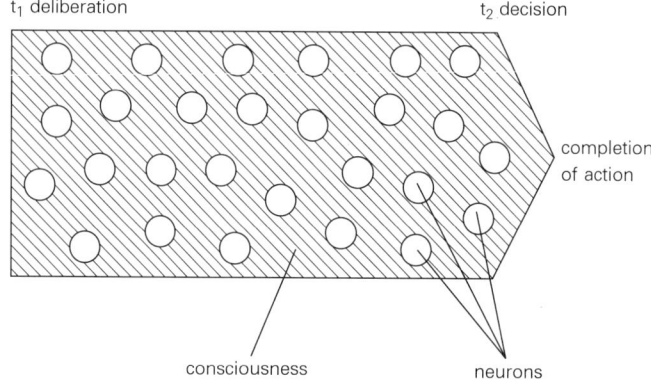

지금까지 제1가설과 제2가설을 간략히 제시했다. 이제 좀더 천천히 관련된 문제들을 짚어보자.

# 05

## 제 1 가 설 과   부 수 현 상 론

제1가설을 검토하는 가장 좋은 방법은, 이 가설을 하나의 공학 문제로 생각해보는 것이다. 의식을 가진 로봇을 만든다고 상상해보자. 선택상황에 직면했을 때 간극에 대한 의식적인 경험을 갖도록 로봇을 만든다. 그렇지만 로봇의 하드웨어는 그것의 선행상태와 외부로부터의 입력자극에 의해서 그 다음 상태가 결정되는 방식이어야 한다. 로봇 몸체의 움직임은 전적으로 내부의 상태에 의해 정해진다. 전통적 인공지능 분야에서는 이와 같은 기술모델을 이미 보유하고 있다. 로봇에 프로그램을 설치함으로써 외부 자극이나 시스템 내부에서 부과되는 문제에 대해 알고리즘적 해결책을 찾아내도록 한다. 제1가설에 의하면 파리스의 심판은 미리 프로그램된 것이다.

부수현상론으로 이끈다는 점이 제1가설을 반대하는 이유 중 하나임을 지적한 바 있다. 제1가설에 의하면, 의식적이고 합리적인 의사결정의 가장 두드러진 특질조차 세계에 대해 아무런 실질적인 영향을 주지 못한다. 파리스의 심판도, 나의 행동도, 혹은 로봇의 움직임도 모두 미시 수준에서 진행되는 활동에 의해 인과적으로 완전히 결정된다. 이러한 해석에 대해 이의를 제기하는 이가 있을 것 같다. 제1가설에 포함된 생각이, 신체의 생리기능과 의식 간의 관계에 대한 설명보다 어째서 더 부수현상론적이라는 것인가?

전통적인 이원론적 구분을 철회하면 의식이 어떻게 인과적으로 기능할 수 있느냐는 것에 관한 미스터리는 해소될 수 있다고 주장해왔다. 의식은 인과적으로 기능하는, 단지 높은 수준 혹은 시스템적 특질일 뿐이다. 내가 하고 있는 설명은 게다가 어떠한 인과적 과잉결정 문제도 제기하지 않는다. 의식과 신경이라는 두 세트의 원인이 있는 것이 아니다. 서로 다른 수준에서 기술되고 있는, 오직 한 세트만이 있을 뿐이다. 반복하자면 고형성이라는 것이 분자체계가 처한 상태이듯 의식은 신경체계가 처한 상태이다. 그렇다면 제1가설이 왜 제2가설보다 조금이나마 더 부수현상론을 함축하는 것으로 비춰지는가? 이에 대한 답은 다음과 같을 것이다. 어떤 현상이 부수현상적인지 아닌지의 여부는 '특성 자체'가 인과적으로 기능하느냐에 달려 있다. 하나의 사건에는 인과적으로 무관한 특성이 존재한다. 예를 들어 그 시간에 푸른색 셔츠를 입고 있었다는 것은 탁자 위의 유리잔을 잘못 건드려 떨어뜨린 사건에 속해 있는 하나의 특성이지만, 푸른색 셔츠는 그 사건과 인과적으로는 관련이 없다. 다음과 같이 말하는 것은 옳다. "푸른색 셔츠를 입은 남자가 탁자 위 유리잔을 건드려 떨어뜨렸다." 하지만 푸른색 셔츠는 부수현상적인 것으로서 사건과는 무관하다. 사건에서의 어떤 특성을 부수현상적이라고 할 때 우리가 의미하는 것은 해당 특성이 그 사건에 대해 인과적으로 아무런 역할을 하지 않는다는 것이다. 제1가설이 부수현상적이라고 할 때 내가 의미하는 것은 이 가설에 의하면 합리적 의사결정에서의 본질적 특성, 즉, 간극에 대한 경험―나에게 다른 선택 가능성이 열려 있다는 경험, 어떤 행동에 대한 심리적 선행자들이 그 행동을 강제하기에 인과적으로 충분하지 않다는 경험, 마음을 정하고 행동을 취하는 과정에서의 의식적 사고 흐름에 대한 경험―이 갖는 모든 특성이 별 상관없는 것으로 된다는 것이다. 이들 모두가 인과적 측면에서 무관한 것이 되어버린다. 결정을 내리기 위해 고심하고 여러 이유들을 검토해보는 경우에서처럼 경험의 특성이 구체적이고 명확한 형태를 띨 때조차 그 특성은, 유리잔을 건드려 떨어뜨릴 당시 셔츠의 색이 푸른색이었다는 것만큼이나 관련성 없는 것이 된다. 파리스의 심판 역시 그가 했던 모든 심사숙고에도 불구하고 선행하는 신경상태에 의해 이미 결정되어 있다는 것이다.

시스템으로서의 특성이 미세 요소에 의해 결정된다고 하는 사실 자체가 그 특성을 부수현상적인 것으로 만드는 것은 아니다. 오히려, 의식이 신경활동에 의해 결정되면서도 어떻게 부수현상적이지 않을 수 있는지 보았다. 문제되는 특성이 부수현상적이라는 것을 드러내기 위해서는, 어떤 사건이 발생할지 결정하는 데 있어서 해당 특성이 인과적으로 관련이 없다는 것을 보여야 한다. 제1가설에서 부수현상론이 제기되는 이유는, 간극을 경험하는 것이 인과적으로 충분한 것일 수 없으며 또 결심 따위 등으로 이 불충분을 해결하려고 아무리 노력해도 실제 무엇이 발생할지를 결정하는 데 아무 영향도 줄 수 없는 것으로 귀결된다는 데 있다. 사건의 모든 원인에도 불구하고 택할 수 있는 선택지가 우리에게 분명 열려 있다고 생각되는데, 이들 선택지 사이에서 마음을 정하기까지 일련의 의식적 과정을 거친다고, 그렇게 우리가 아무리 여기더라도 우리가 내리는 선택은 선행하는 신경상태에 의해 이미 결정되어 있다는 것이다.

반사실적 조건문을 가지고서 부수현상론을 설명할 수 있다고 종종 얘기된다. 다른 여러 원인들은 별개로 두고, "A가 발생하지 않았더라도 B는 발생했을 것이다"라는 문장의 진위 여부가 사건 B에 대해 A가 부수현상인지를 판가름하는 기준이 될 수 있다는 얘기다. 하지만 이 기준은 기껏해야 오해만 불러일으킨다. 간극을 경험하는 것과 결심을 하는 것 모두 신경 수준에서 이미 결정되어 있다고 가정한다면, 간극 경험이 일어나지 않았을 경우 결심도 생겨나지 않거나 적어도 발생이 담보되지는 않을 것이다. 왜냐하면 이들은 모두 같은 신경과정에 의해 야기되는 것들이기 때문이다. 하나가 발생하지 않았다면 다른 것의 발생원인도 제거되었어야 마땅하다. 하지만 그렇다고 해서, 즉, 간극 경험이 발생하지 않으면 결심도 발생하지 않을 것이라고 해서 간극 경험이 결심이라는 사건에 대해 부수현상적인 게 아닌 것으로 증명되는 것은 아니다. 부수현상론에 대한 잣대는 조건법적 서술문의 사실 여부가 아니라 그것이 사실인 이유이다. 문제의 특성이 부수현상적인지를 가늠할 수 있는 것은 그 특성이 인과적 관련성을 갖는 것인지 여부로써이다. 그런데 제1가설에 의하면, 간극이나 합리적 의사결정이 갖는 고유한 특성들 모두 인과적으로 무의미한 것들이 된다.

그렇다면 부수현상론 자체는 뭐가 문제라는 것인가? 뇌가 어떻게 작동하는지 더 많이 알려지게 됨에 따라 부수현상론이 결국 사실로 판명날 수도 있을 것이다. 그러나 현재의 지식 수준에서 부수현상론을 받아들이기를 주저하게 되는 가장 큰 이유는, 부수현상론이 진화에 대해 우리가 알고 있는 모든 사실과 역행한다는 것이다. 의식적 합리성이라는 것은 우리의 삶에서 매우 중요하고 생물학적으로도 많은 비용이 드는 부분인 만큼, 만약 이같이 중요한 형질이 개체의 생활이나 생존에 아무런 기능적 역할을 하지 못한다면 이는 진화에 대해 우리가 알고 있는 어떤 사실과도 어울리지 않는 것이다. 인간이나 고등동물의 경우 의식적 의사결정이라는 것을 위해, 자식을 양육할 방법을 모색하는 것에서부터 뇌로 가는 혈류량에 이르기까지 이 모든 것을 포함하는 엄청난 생물학적 대가를 지불하고 있다. 개체의 포괄적 적응도에 이것이 아무런 기여를 못한다고 추정하는 것은 충수돌기가 아무런 역할을 하지 않는다고 추정하는 것과는 차원이 다르다. 이는 오히려 시각이나 소화기능이 아무런 진화론적 역할을 하지 않는다고 추정하는 것과 비슷할 것이다.

# 06

## 제2가설. 자아, 의식, 그리고 비결정론

그다지 매력적이지는 않더라도 제1가설은 최소한 생물학에서 이미 알려진 많은 것들과 정합적이기도 하고 실제로 들어맞기도 한다. 뇌는 다른 신체기관과 마찬가지로 하나의 기관이며 심장이나 간과 마찬가지로 기능 면에서 결정론적이다.[vii] 만약 의식을 가진 기계를 만든다고 상상할 수 있다면 그것은 제1가설에 따른 것이 될 것이다. 그런데 제2가설은 어떻게 공학 문제로

---

[vii] 이렇게 단정할 수 있는가에 대해서는 역자를 포함해서, 동의하지 않는 독자들이 있을 것 같다.

다뤄질 수 있을까? 시스템이 갖는 의식의 모든 특성은 미세 요소의 상태에 의해 전적으로 결정되면서 동시에 의식이 시스템의 후속 상태를 인과적으로 결정하는 로봇, 그 처리과정은 결정론적이기보다는 합리적 자아가 이유에 작용함으로써 자유롭게 의사결정 내리는 방식인 그런 로봇을 어떻게 만들 수 있을까? 말해놓고 보니 연방정부로부터 연구기금을 확보할 정도로 전망 있는 프로젝트 같아 보이지는 않는다. 이를 진지하게 고려하는 유일한 이유는, 뇌가 작동하는 방식에 대해 알려져 있는 사실과 더불어 우리 자신의 경험으로부터 알 수 있는 것에 관한 한 정확하게 이것이 우리가 처해 있는 상황이기 때문이다. 인간은 의식을 가진 로봇에 비유될 수 있는데 이때 의식의 상태는 신경과정에 의해 정해진다. 그러면서 인간은 동시에 비결정적인 의식과정(곧, 신경과정)에 의해 행동하기도 하는데, 이를 담당하는 주체는 이유에 작용해서 결정을 내리는 합리적 자아이다.

그렇다면 뇌는 어떻게 작동함으로써 이 모든 조건을 충족시킬 수 있는 걸까? 질문을 '충족시키는 걸까?'라고 하지 않았다. 사실 우리는 뇌가 이 조건들을 충족시키는지 알지 못하며 설사 충족시킨다 하더라도 어떻게 그러는지를 모른다. 이 시점에서 가능한 것은 제2가설이 사실인 경우 뇌가 갖추어야 할 조건이 무엇인지를 제시하는 정도가 될 것이다.

점차 까다로운 순으로 세 가지 정도의 조건이 요구되는 것 같다. 뇌기능에 관한 어떤 설명도 그것이 제2가설에 부합하는 것이기 위해서는, 어떻게 해서 뇌가 이 조건들을 충족시키는지를 설명할 수 있는 것이어야 한다.

1. 첫째 조건. 의식은, 신경과정에 의해 야기되고 신경 시스템 안에서 실현되며 신체의 움직임에 대해 인과적으로 기능한다. 이게 어떻게 가능한지는 앞에서 비교적 자세하게 설명했다.
2. 둘째 조건. 의식적 자아는 합리적으로 결정 내리고 이를 행동으로 옮길 수 있는데, 뇌는 이러한 의식적 자아를 유발하고 유지한다.

의식이 신체에 영향을 끼친다는 것만으로는 충분하지 않다. 걱정거리 때문에 복통을 느끼고 혐오스러운 장면에서 메스꺼움을 느끼며 에로틱한 장면에서 흥분하는 것처럼 합리적이거나 자발적인 행동과 무관한 예들은 얼마든지 있다. 정신 인과mental causation만으로는 부족하고 이에 더해서 합리적·의지적 자아에 대한 신경생물학적 설명도 할 수 있어야 한다. 뇌가 자아를 어떻게 만들어내고 뇌 안에서 자아는 어떻게 실현되는지, 그렇게 실현된 자아가 뭔가를 숙고할 때 어떻게 기능하며 또 어떻게 결론에 도달하고 행동을 촉발해서 지속시키는지를 설명할 수 있어야 한다.

3절에서의 선험적 논변에 도입된 자아 개념은 어떤 외부적인 실체가 아니다. 조잡하고 지나치게 단순화한 감이 있지만, 의식적 작인作因, agency과 의식적 합리성을 합친 것을 자아라고 할 수 있다. 뇌가 어떻게 해서 통합된 의식의 장[5]과 행동경험을 만들어내는지, 그리고 합리성이라는 제약을 구성요소로 지니고 있는 의식적 사고과정을 뇌가 어떻게 생성해내는지 당신이 만약 설명할 수 있다면, 당신은 자아에 대한 설명까지 덩달아 확보하는 셈이다. 부연하자면, 내가 제시한 의미에서의 자아를 어떤 개체가 지니기 위해서는 다음의 요소들을 갖추어야 한다. 첫째, 통합된 의식의 장을 가져야 하며 둘째, 이유에 대해 숙고할 수 있는 능력이 있어야 한다. 그러기 위해서는 지각과 기억이라는 인지능력뿐만 아니라 지향적 상태들을 조화시켜서 합리적인 결론을 도출하는 능력 또한 필요하다. 셋째, 개체는 행동을 시작하고 수행할 수 있어야 한다. 구식의 용어로는 '의지작용' 혹은 '작인'을 가져야 한다.[6]

자아에 관한 형이상학적 문제는 이게 전부다. 뇌가 어떻게

---

**5** • 통합된 장의 중요성에 대해서는 존 설의 "Consciousness," *Annual Review of Neuroscience* 23(2000) : 557~578을 보라.
**6** • 합리성은 내가 볼 때 독립된 능력이 아니다. 오히려, 합리성의 제약은 믿음이나 욕구 따위의 지향적 현상들 안에, 그리하여 생각의 과정 안에 이미 구축되어 있다. 따라서 정신현상들에 관한 신경생물학적 설명은 그 현상들에 이미 부과되어 있는 합리적 제약에 관한 설명이기도 하다. 이 견해 및 그것의 근거에 대한 더 자세한 소개는 나의 책 *Rationality in Action*을 보라.

이 모든 것을 수행하는지—통합된 의식의 장을 형성케 함으로써 앞서 설명한 의미에서의 합리적 작인을 가능케 하는지—를 보일 수 있다면, 자아에 관한 신경생물학적 문제는 해결되는 것이다. 제1가설과 제2가설 공히 경험에 관한 한 이 조건을 충족시킬 필요가 있다는 것에 주목하기 바란다. 사실 뇌기능에 대한 어떤 이론도 이 조건을 만족시킬 필요가 있는데, 왜냐하면 우리로 하여금 이 모든 종류의 경험을 갖도록 만드는 것이 뇌이기 때문이다. 제1가설과 제2가설의 차이는, 제1가설에 의하면 합리적 작인은 착각이라는 것이다. 합리적 작인의 경험을 우리가 갖고는 있지만, 이것이 세계에는 아무런 영향도 끼치지 못한다는 것이다.

3. 셋째 조건. 두뇌는 다음과 같은 종류의 것이다. 의식적 자아가 간극 안에서 결정을 내리고 이를 수행한다. 그런데 그 결정이나 행동은 인과적 충분조건에 의해 미리 정해져 있지는 않으면서 행위자가 근거한 이유에 의해서는 합리적으로 설명된다.

이 세 번째 것이 가장 까다로운 조건이다. 방금 언급한 것들을 모두 고려할 때 간극은 어떻게 해서 신경생물학적인 실재일 수 있을까? 정신 인과와 합리적 작인의 경험을 뇌가 어떻게 생성해내는지 설명할 수 있다고 가정하고, 그렇다면 뇌기능에 대한 이러한 설명에다가 합리적 비결정론rational indeterminism을 어떻게 끌어들일 수 있을까?

이와 같은 문제에 접근하는 방법으로서 내가 아는 유일한 전략은 우리가 이미 알고 있는 것들을 상기해보는 것에서부터 시작하는 것이다. 우리는 두 가지를 알고 있거나 적어도 알고 있다고 여긴다. 하나는, 행동의 자유를 경험하는 것 안에 비결정성과 합리성이 모두 내재해 있다는 것과 이들이 구체적으로 모습을 갖추는 데에 의식이 필수적이라는 점이고, 다른 하나는, 양자 비결정론이 자연계의 사실로서 명백히 확립되어 있는 유일한 형태의 비결정론이라는 점이다.[7] 양자 비결정론이 의식적이고 합리적인 의사결정의 수준에서 발현된 것이 곧 자유의지의 의식적 경험에 대한 설명이 될 것이라는 생각은 실로 뿌리치기 어려운 유혹이다. 의식에 관한 논의에 양자역학이 도입될 수 있는 지점을 과거에는 전혀 찾질 못했었다. 그러나 적어도 아래에 제시한 것은, 양자 비결정론의 도입을 요구하는 엄밀한 논변이다.

전제1. 자연의 모든 비결정론은 양자 비결정론이다.

---

[7] ● 혼돈이론이 함축하는 것은 비결정성이 아니라 비예측성이다. 내가 이해하는 바로는 그렇다.

전제2. 의식은 비결정론을 명시하는 자연의 한 측면이다.

결론. 의식은 양자 비결정론을 명시한다.

    현재로서의 목표는 우리가 세운 가정들이 함축하는 바를 집요하게 추적해보는 것이다. 만약 제2가설이 옳고 양자 비결정론이 자연계에 실재하는 유일한 형태의 비결정론이라면, 의식의 설명에 양자역학이 포함되어야 한다는 주장이 자연스럽게 뒤따를 것이다. 제1가설로부터의 결론은 이와 다르다. 간극에 대한 경험이 부수현상적인 것이라면, 뇌가 어떻게 의식현상을 유발하고 실현하는지에 관한 인과적 설명장치로서의 비결정론은 더 이상 필수적인 것이 아니게 되기 때문이다. 현재 진행되는 연구를 위해 이는 중요한 점이다. 구성단위 모델에 관한 연구 및 통합된 장 모델에 관한 연구 공히 표준이 되는 노선은 양자역학에 의존하지 않고 의식을 설명하는 것이다. 만약 제2가설이 옳다면, 이 연구들은 성공하지 못할 것이다. 적어도 자발적 의식에 관해서는 그럴 것이다.[8]

    의식을 양자역학으로 설명할 수 있게 되었다고 설령 가정하더라도, 그렇다면 비결정성으로부터 합리성으로는 어떻게 나

---

[8]    구성단위 모델과 통합된 장 모델 간의 차이점에 대한 설명은 존 설의 "Consciousness"를 보라.

아갈 수 있을까? 만약 양자적 비결정성이 임의성에 해당하는 것이라면, 양자 비결정성 자체는 자유의지 문제를 설명하는 데 아무런 소용이 없을 것 같다. 자유로운 행동이란 것이 임의적인 것은 아니기 때문이다. "양자적 비결정성과 합리성의 관계는 무엇인가?"라는 질문에 내포된 의미는 "뇌의 미세과정과 의식 간의 관계는 무엇인가?" 혹은 "시자극 및 이를 처리하는 뇌의 과정, 그리고 시각적 지향성, 이들의 관계는 무엇인가?"라는 질문을 할 때와 같은 것이어야 한다고 본다. 뒤의 두 질문에서 우리는 시스템의 특성이 미세과정에 의해 야기되고 실현된다는 것을 이미 알고 있으므로, 시스템 수준에서 나타나는 현상의 인과적 특성 역시 미세현상의 활동에 의해 전적으로 설명될 수 있다는 것을 안다. 여러 차례 반복해서 언급했던 것처럼, 이들의 인과관계는 분자의 움직임과 고형성 간에 존재하는 인과관계와 동일한 '형식적' 구조를 갖는다. 우리는 또한 개별 구성소의 성질이 곧 전체의 성질이라고 가정하는 것은 구성의 오류fallacy of composition를 범하는 것임을 알고 있다. 예컨대 개별 원소가 갖는 전기적 성질이 전체 탁자의 성질이 될 수 없으며 활동전위 하나가 50Hz라는 사실이 뇌 전체가 50Hz의 진동을 갖는다는 것을 의미할 수는 없다. 마찬가지로 개별 미세현상에 임의성이 있다는 것이 시스템 수준에서도 그렇다는 것을 의미하는 것은 아니다. 제2가설이 만약 사실이라면 미시 수준에서의 비결정성으로 시스템 수준에서의 비결정성을 설명하는 것이 가능할 수도 있겠지만 그렇다고 해도, 미시 수준에서의 임의성 자체가 시스템 수준에서의 임의성을 함축하지는 않는다.

#  07

## 1 장 의  결 론

 이 장을 시작하면서, 맹신되고 있는 모순된 명제들 간의 충돌로부터 고질적인 철학적 문제들이 발생하고 있다고 얘기했었다. 마음-신체 문제의 경우, 이 모순을 일종의 양립주의로 풀어보았다. 전통적인 데카르트적 구분의 이면에 있는 가정을 포기하면 소박유물론은 소박심성주의와 모순 없이 놓일 수 있다. 그러나 이 같은 양립주의를 자유의지에까지 적용할 수는 없었다. 왜냐하면, 인간의 모든 행위에 인과적으로 충분한 조건이 선행한다는 명제와 몇몇은 그렇지 않다는 명제는 서로 양립할 수 없는 채로 있기 때문이다. 문제를 간추리면 두 가지로 요약될 수 있다. 바로 제1가설과 제2가설이다. 둘 다 그다지 매력적이지는 않다. 그러나 굳이 하나에 내기를 걸라면 제1가설이 확실히 더 승산 있어 보인다. 보다 단순하고, 또 생물학에 대한 전반적인 지식과도 더 일치하기 때문이다. 하지만 제1가설은 말 그대로 믿을 수 없는 결과를 낸다. 내가 런던에서 이 강연을 하고 있을 때 청중 가운데 한 명이 다음과 같이 물어왔다. "제1가설이 옳은 것이라고 판명되면, 당신은 이 가설을 받아들이겠는가?" 이 질문의 형식은 다음과 같다. "만약 자유롭고 합리적인 의사결정이란 것이 존재하지 않는다고 판명된다면, 당신은 자유롭고 합리적으로 결정을 내려서 그 사실을 받아들이겠는가?" 그가 다음과 같이 묻지 않은 것에 주목해주기 바란다. "만약 제1가설이 옳다면, 당신의 두뇌 속 신경과정이 당신의 입에서 그 가설에 대해 긍정하는 소리를 내도록 할 것인가?" 그의 질문은 제1가설의 연장선에 있는 것이기는 하나 그래도 너무 멀리 나갔다. 왜냐하면 질문은 내게 자유롭고 합리적으로 예측할 것을 주문하고 있지만, 가설을 따르자면 이는 불가능한 것이기 때문이다.

제2가설은 하나의 미스터리를 위해 세 가지 미스터리를 제기하고 있어서 혼란스럽다. 자유의지를 우리는 미스터리로 여기지만, 의식과 양자역학 역시 뚜렷한 별개의 미스터리들이다. 우리가 얻은 결과는, 첫 번째 것을 해결하기 위해서는 두 번째 것을 풀어야 하고 이 두 가지를 해결하기 위해서는 세 번째 것의 가장 불가해한 측면을 다룰 수밖에 없다는 것이다. 이 장에서 내가 목표한 것은 나의 이전 글들에서 시작한 공략선을 그대로 유지한 채 경합하는 추론들을 끝까지 추적해보는 것이었다. 확신하건대 앞으로 논의해야 할 것이 산적해 있다.

# 2

## 사회적 존재론과 정치권력[1]

**1** * 이 장의 이전 버전들에 대해 의견을 준 브루스 케인(Bruce Cain), 펠릭스 오펜하임(Felix Oppenheim), 그리고 다그마 설(Dagmar Searle)에게 감사한다.

서양의 철학 전통에서 정치철학은 유달리 영향력 있는 분야이다. 플라톤의 『국가』로부터 롤스의 『정의론』에 이르기까지, 이 분야에서의 고전이 문화 전반에 대해 갖는 중요성은 다른 대부분의 철학 고전을 자주 능가한다. 이들 저술에서 다루는 논제에는 이상적 사회의 묘사, 정의의 본질, 주권의 원천, 정치적 책임의 기원, 효과적인 정치 지도력의 조건 등이 포함된다. 서양의 철학 전통에서 가장 영향력 있는 흐름 하나를 꼽으라면 정치철학이라고 할 수 있을 정도이다. 철학에서의 이 지류가 특별히 관심받는 이유는, 다양한 시기에 걸쳐서 정치철학이 현실정치에 끼쳐온 영향 때문일 것이다. 일례로, 미국 헌법에는 다수의 계몽운동 사상가들의 철학적 견해가 반영되어 있는데 이들 중 몇몇은 헌법의 실제 입안자이기도 하다.

정치철학의 이 같은 인상적인 성과에도 불구하고 나는 정치철학의 전통이 여러 측면에서 불만족스럽다고 오래전부터 생각해왔다. 정치철학이 서양철학을 가장 잘 표현하고 있다고는 보지 않는다. 정치철학 전통에서의 문제는 그것이 제기하고 있는 질문에 대해 틀린 답을 한다는 데 있는 것이 아니라 우선적으로 제기되어야 하는 질문 자체를 빠뜨리곤 한다는 데 있다고 본다. "공정한 사회란 무엇인가?" 혹은 "정치권력의 적절한 행사란 무엇인가?"와 같은 질문에 대답하기 이전에, "사회란 무엇인가?" 혹은 "정치권력은 어떤 종류의 권력인가"와 같은 보다 근원적인 질문에 먼저 답해야 할 것이다.

이번 장에서 나는 서양의 철학 전통 내에서 진행 중인 논의에 참여하기보다는 다소 성격이 다른 일련의 질문들에 답해보려고 한다. 논의에서 목표하는 것은 사회적 실재의 일반적 존재론과 정치권력이라고 하는 특수한 형태의 사회적 실재, 이 양자 간의 관계를 탐구하는 것이다.

# 01

## 사회적 존재론 Social Ontology

『사회적 실재의 구성』(1995)이라는 책에 상술한 바 있는 이론 요소들 중 일부를 요약하는 것으로 논의를 시작해보자. 이 책에서 정치에 관한 언급은 거의 안 했지만 이보다 나중에 출간된 『행위의 합리성Rationality in Action』(2001)과 더불어 고려해보면 이들 분석에 정치적 이론이 내포되어 있음을 알 수 있다. 비록 축약된 형태로나마 이번 장에서 그 이론을 분명히 드러내고자 한다. 또한 사회적 실재의 구성 및 이와 관련된 정치권력의 구성에서 언어와 집단 지향성의 역할이 무엇인지도 분명히 할 수 있기를 기대한다.

이 프로젝트는 현대 철학에서 다루고 있는 훨씬 더 큰 기획의 일부이기도 하다. 현대 철학에서 가장 중요한 질문은 다음과 같다. 우리 스스로를 의식과 생각을 가진 자유롭고 사회적이고 정치적인 행위자로 보는 어떤 견해와, 마음도 의미도 지니지 않은 채 힘의 장 안에 놓인 입자들로만 구성된 세계를 어떻게 그리고 어디까지 조화시킬 수 있는가? 우리 스스로에 대해 믿고 있는 것과 물리학, 화학, 생물학을 통해 사실로 알려진 것을 조화시킬 수 있는, 세계의 완전성에 대한 정합적 설명을 어떻게 그리고 어디까지 확보할 수 있는가? 『사회적 실재의 구성』에서 내가 답하려 했던 질문은, 물리적 입자로 구성된 세계 안에서 어떻게 사회적·제도적 실재가 존재할 수 있는가, 하는 것이었다. 이 장에서는 이 질문을 다음과 같이 확대해볼 것이다. 즉, 물리적 입자로 구성된 세계 안에서 어떻게 '정치적' 실재가 가능할 수 있는가?

향후의 분석에 기초가 될 구분 한 가지를 우선 명확히 해두는 것이 좋겠다. 그것은 실재의 특성 중 어떤 것이 관찰자 혹은 지향성 의존적이고, 어떤 것이 그렇지 않은가 하는 것이다. 하나의 특성이 관찰자-의존적이 되는 것은 그 특성의 존재 자체가 관찰자, 사용자, 생산자, 설계자, 구매자, 판매자 혹은 의식적이고 지향적인 행위자 일반의 태도, 생각, 지향성에 의존할 때이다. 그렇지 않다면 그것은 관찰자 독립적이거나 지향성 독립적이라고 할 수 있다. 관찰자-의존적 특성의 예로는 화폐, 자산, 결혼, 언어 따위가 있으며, 관찰자-독립적인 특성에는 힘, 질량, 중력, 화학결합, 광합성 등이 속한다. 하나의 특성이 관찰자-독립적인지 여부에 대한 대략적 기준은, 의식을 가진 존재가 세계에 한 번도 있어본 적이 없더라도 그것이 존재할 수 있었을까, 하는 것이다. 의식을 가진 존재 없이도 힘이나 질량, 화학결합 등은 존재할 테지만 화폐, 자산, 결혼, 언어 등은 존재하지 못했을 것이다. 이 기준을 대략적이라고 하는 이유는, 의식과 지향성은 세계 내의 모든 관찰자-의존적 특성들의 원천이 되지만, 이들 자체는 관찰자-독립적이기 때문이다.

어떤 특성이 관찰자-의존적이라고 해서 이것을, 그 특성에 관한 객관적 지식이 얻어질 수 없음을 의미하는 것으로 해석해서는 곤란하다. 예를 들어 내 손에 쥐어진 종이 쪼가리가 미국 화폐라고 할 때 그 자체로는 관찰자-의존적이다. 그것이 돈일 수 있는 것은 사람들이 그것을 돈이라고 생각하기 때문이다. 하지만 10달러짜리 지폐라는 것은 하나의 객관적 사실이다. 말하자면, 이것이 나의 주관적 견해에 불과한 것은 아니라는 거다.

앞의 예로부터 관찰자-의존적 특성과 관찰자-독립적 특성이라는 구분 외에 두 가지 구분이 더 필요하다는 것을 알 수 있다. 바로, 인식적 객관성과 주관성의 구분, 그리고 존재론적 객관성과 주관성의 구분이다. 인식적 객관성과 주관성이라는 것은 주장에서 찾을 수 있는 특성들이다. 주장의 진위 여부가 주장하는 사람 또는 해석하는 사람의 감정, 태도, 선호도 등과 독립적으로 성립할 때 그 주장은 인식적 객관성을 갖는다. 반 고흐$^{van}$ $^{Gogh}$가 네덜란드 태생이라는 주장은 인식적으로 객관적이다. 이에 반해, 고흐가 마네$^{Manet}$보다 더 뛰어난 화가라는 주장은 하나의 의견이며 이는 인식적으로 주관적이다. 한편, 존재론적 주관성이나 객관성은 실재에서 찾을 수 있는 특성들이다. 통증, 간지러움, 가려움 등은 그 존재가 인간이나 동물 주체의 경험에 의존하는 것이기 때문에 존재론적으로 주관적이다. 산이나 행성이나 분자는 그 존재가 주관적 경험에 의존하지 않는다는 점에서 존재론적으로 객관적이다.

이러한 구분을 현재의 논의에 적용한 결과는 다음과 같이 요약할 수 있다. 정치적 실재 거의 대부분은 관찰자 상대적이다. 선거, 의회, 대통령, 그리고 혁명 등은 사람들이 이들에 대해 특정 태도를 가질 때에만 해당 현상이 될 수 있는 것들이다. 따라서 이 현상들은 모두 존재론적 주관성의 요소를 지닌다. 관여하는 사람들의 주관적 태도는 관찰자 의존적 현상을 구성하는 요소가 된다. 하지만 존재론적 주관성 자체가 인식적 주관성을 함축하지는 않는다. 정치나 경제처럼, 실체는 존재론적으로 주관적인 것이지만 그것을 이루는 구성소에 대해서는 인식적으로 객관적인 주장을 펼 수 있는 영역도 있기 때문이다. 미국의 대통령제는 관찰자 상대적인 현상이고 그래서 존재론적으로 주관적이지만 부시가 지금의 대통령이라는 것은 인식적으로 객관적인 사실이다.

이 같은 구분을 염두에 두고 사회적·정치적 실재로 눈을 돌려보자. 아리스토텔레스의 유명한 말 중에 인간은 사회적 동물이라는 것이 있다. 그런데 『정치학Politics』에 나오는 같은 표현 'zoon politikon'은 이따금 '정치적 동물' 혹은 "인간은 정치적 동물이다"라고 번역된다. 아리스토텔레스의 학문적 업적과는 별개로, 이러한 애매함은 우리의 논의와 관련해서 흥미로운 시사점을 준다. 사회적 동물은 많지만 인간만이 유일하게 정치적인 동물이다. 따라서 이렇게 질문해볼 수도 있을 것이다. 정치적 동물이기 위해서는 사회적 동물이라는 사실에 어떤 점이 더 추가되어야 하는가? 좀더 일반화하면, 정치적 실재라는 특수한 경우가 되기 위해서는 사회적 실재에 무엇이 더 보태져야 하는가? 사회적 사실에서부터 시작해보자.

사회적 협력을 가능케 하는 능력은 생물학적 기반을 가진 것으로서 인간을 비롯한 많은 종의 동물이 이를 가지고 있다. 그것은 집단 지향성collective intentionality을 형성하는 능력이다. 집단 지향성은 인간이나 동물이, 개체들 간에 협력을 할 때 공유되는 형태의 지향성에서 관찰되는 현상이다. 예를 들어 먹잇감 사냥을 위해 한 무리의 동물이 협업하는 경우, 두 사람이 대화를 나누는 경우, 혹은 일군의 사람들이 혁명을 도모하는 경우 그곳에 집단 지향성은 내재해 있다. 집단 지향성은 협력행위로도 표출되지만 욕망이나 믿음이나 계획을 공유할 때처럼 의식적으로 공유되는 태도의 형태로도 존재한다. 둘 이상의 행위자가 믿음이나 욕망, 의도, 혹은 다른 지향적 상태를 공유하고 있고 또 공유의 사실을 자각하고 있을 때 이들은 집단 지향성을 가진다. 집단 지향성이 사회형성의 기초가 된다는 점은 사회학 이론가들에 의해 흔히 제기되는 익숙한 얘기다. 뒤르켐Durkheim, 짐멜Simmel, 베버Weber 등은 각자 다른 방식으로 이를 지적한 바 있다. 그들에게 내가 지금 사용하는 용어나 지향성 이론은 없었지만, 19세기 당시의 어휘로써 그들은 이 점을 분명히 하고 있다고 생각한다. 내가 아는 한 그들에 의해서 제기되지 않았고, 또 이제부터 내가 검토해보려고 하는 질문은 다음과 같다. 사회적 사실에서 제도적 사실로는 어떻게 나아갈 수 있는가?

단순한 형태의 사회적 실재나 사회적 사실은 집단 지향성만으로도 충분히 형성될 수 있다. 실제로 나는, 둘 이상의 인간이나 동물과 관련한 어떤 사실이 집단 지향성을 가지고 있을 때 이를 사회적 사실이라고 정의한다. 그렇지만 단순한 집단 지향성에서 화폐, 자산, 결혼, 정부 등에 이르는 길은 요원하며 따라서 사회적 동물에서 정치 제도적 동물에 이르는 길도 요원하다. 인간의 특성, 그 중에서도 정치적 실재의 특성이라고 할 수 있는 제도적 실재가 형성될 수 있기 위해서는 집단 지향성에 구체적으로 무엇이 더 추가되어야 하는가? 두 가지 요소가 더 필요한 것 같다. 첫째는 '기능부여imposition of function'이고, 둘째는 '구성규칙constitutive rules'이라고 내가 명명한 어떤 규칙이다. 이 둘의 조합은 집단 지향성과 더불어서, 특별히 '인간의' 사회라고 할 수 있는 것의 토대를 이룬다.

순서대로 살펴보자. 인간은 물리적 특성 덕분에 가능한 기능을 그 사물이 수행토록 하는 방식으로 온갖 종류의 사물을 활용한다. 가장 원시적인 수준에서는 막대기를 지렛대로, 그루터기를 의자로 이용한다. 초기 인류가 돌을 갈아서 사물을 자르는 데 이용했듯이 조금 진보한 단계에서는 특정 기능을 수행하게끔 사물을 조작하기도 한다. 조금 더 진보한 수준에서는 칼을 제조하고 의자를 만든다. 몇몇 동물은 매우 간단한 형태나마 사물에 기능을 부여할 줄 안다. 잘 알려진 예로, 쾰러의 침팬지Köhler's ape는 손이 닿지 않는 곳에 놓인 바나나를 막대기와 상자를 이용해서 취할 줄 안다. 일본원숭이 이모Imo는 바닷물로 고구마를 깨끗이 씻어낼 뿐만 아니라 소금 간을 해서 맛도 좋게 할 줄 아는 것으로 유명하다. 그러나 동물에게서는 대체로 사물에 기능을 부여해서 활용하는 능력이 매우 제한적이다. 일단 동물이 집단 지향성의 능력과 기능 부여의 능력을 갖게 되면 두 능력의 결합은 쉽게 일어난다. 하나가 그루터기를 걸터앉는 데 이용하면 여럿이 통나무를 벤치로 이용할 수 있다. 그런데 특히 인간의 능력만을 놓고 고찰해보면 우리는 한 가지 실로 주목할 만한 현상을 발견하게 된다. 인간에게는 대상이 특정 지위를 가지는 것으로 집단이 승인할 때에만 수행 가능해지는 그런 종류의 기능을 대상에게 부여하는 능력이 있다. 이는 막대나 지렛대나 상자나 바닷물을 이용할 때처럼 사물의 물리적 구조에만 의존해서 기능을 수행하는 경우와는 확연히 다르다. 지위에는 기능이 동반되는데 그 기능은, 대상이 지위를 가지고 있다는 것과 그 지위에 그 같은 기능이 수반된다는 것을 사회가 집단적으로 승인하는 한에서만 수행될 수 있는 종류의 것이다. 가장 단순하고 알기 쉬운 예는 아마도 화폐일 것이다. 종잇조각에 불과한 사물이 화폐로서의 기능을 수행할 수 있는 것은 그것의 물리적 구조 때문이 아니라 사람들이 그것에 대해 일정 종류의 태도를 갖기 때문이다. 화폐는, 사람들이 그것의 지위를 인정해서 화폐로 여긴다는 사실 덕분에 화폐로서의 기능을 수행할 수 있다. 이런 종류의 기능을 '지위기능status function'이라고 부르고자 한다.

  어떻게 지위기능 같은 것이 있을 수 있을까? 지위기능의 존재가 가능한 것임을 설명하기 위해서는 집단 지향성과 기능부여 외에 세 번째 개념을 도입할 필요가 있다. 그것은 구성규칙이라는 개념이다. 구성규칙을 설명하기 위해서는 제도적 사실이 단순한 물리적 사실과 어떻게 다른지를 살펴봐야 한다. 물리적 사실은 인간의 제도 없이도 존재할 수 있지만 제도적 사실은 그 존재 자체가 인간에 의한 제도를 전제로 한다. 이 돌이 저 돌보다 크다든지 지구로부터 태양까지의 거리가 9,300만 마일이라든지 하는 것은 물리적 사실의 예이다. 제도적 사실의 예로는 저자가 미국 시민이라는 것, 이것이 20달러짜리 지폐라는 것 등이다. 제도적 사실은 어떻게 가능한가? 제도적 사실이 가능하기 위해서는 일반적으로 인간의 제도가 필요하다. 이를 설명하기 위해서는 수년 전에 내가 이름 붙인 두 종류의 규칙, 즉, '규제규칙'과 '구성규칙'을 구분할 필요가 있다. 규제규칙은 이미 존재하던 행동양식을 규제한다. 예를 들어 '우측운행'은 운전을 규제한다. 이에 반해 구성규칙은 규제할 뿐만 아니라 새로운 형태의 행동 가능성 자체를 만들어내거나 규정한다. 체스 게임의 규칙은 구성규칙의 분명한 예이다. 체스의 규칙은 게임을 규제하는 것에 머물지 않고 특정한 방식의 해당 규칙을 따르는 것 자체가 그 게임으로 하여금 체스일 수 있도록 만드는 그런 종류의 규칙이다. 구성규칙은 전형적으로 "X는 Y로 간주된다." 혹은 "X는 C라는 맥락에서 Y로 간주된다"와 같은 형태를 취한다. 체스에서 나이트의 어떤 움직임은 정당한 것으로, 또 어떤 위치는 체크메이트인 것으로 간주된다. 마찬가지로 특정한 자격요건을 갖추었을 때 대통령인 것으로 간주된다.

물리적인 것에서 제도적인 것으로의 이행, 그리고 이에 상응하여 물리적 기능에서 지위기능으로 이행하는 것에서의 핵심은 구성규칙으로 표명된다. 어떤 대상이 특정 지위를 가진 것으로, 또 그 지위로 인해 특정 기능을 수행할 것으로 간주하게 되는 것은 이와 같은 이행에 의해서이다. 단순한 동물적 방식의 기능 부여나 집단 지향성으로부터 지위기능을 부여하는 단계로 우리가 나아갈 수 있는 것은, 대상이 특정 지위를 갖는 것으로 간주할 때 그 수단이 되는 일련의 규칙과 절차와 습속을 우리가 따를 수 있기 때문이다. 특정 조건을 만족시키는 여차여차한 사람은 대통령으로, 여차여차한 형태의 사물은 화폐로 간주된다. 그리고 앞으로 살펴볼 테지만 무엇보다 중요한 예는, 일정한 순서의 소리나 기호들이 문장 혹은 언어에서의 실제 언화행위로 간주된다고 하는 사실이다. 대상이 본래부터 갖고 있던 것이 아닌 지위, 그리고 그 지위에 상응하는 것으로 집단이 승인할 때에만 수행 가능해지는 기능을 인정함으로써 제도적 사실이 성립할 수 있도록 만드는 것은 인간만이 갖고 있는 독특한 특성이다. 제도적 사실은 지위기능의 존재에 의해 성립한다.

분석이 여기에 이르면, 철학적인 역설 하나가 생겨난다. 그것은 의무의 기원에 관한 오래된 역설과 같은 형태를 가진 것인데 다음과 같다. 제도적 사실의 존재가 구성규칙이나 원칙을 필요로 한다면, 이들 구성규칙이나 원칙은 어디로부터 오는가?

이들의 존재 자체가 제도적 사실처럼 보이는데, 만약 그렇다면 우리는 무한역행이나 순환성의 함정에 빠지게 된다. 어느 쪽이건 분석은 실패하게 될 것이다. 역설의 본래 형태는 약속을 지켜야 한다는 의무에 관한 것이다. 약속을 지켜야 하는 의무가 발생하는 이유가 모든 사람들이 약속을 지키겠다는 취지로 약속했다는 사실 때문이라면 이는 명백한 순환논리이다. 만약 그게 아니라면, 약속에 대한 의무의 기원을 아직 밝히지 못했다고 해야 할 것이다. 구성규칙에 관한 역설이 약속에 관한 전통적인 역설과 동일한 논리구조를 가졌다는 점이 분명히 전달되었기를 바란다. 약속에 대한 퍼즐은 다음과 같다. 약속을 지키겠다는 약속이 선행하지 않고서 어떻게 약속에 대한 의무가 있을 수 있는가? 제도적 사실에 대한 퍼즐은 다음과 같다. 구성규칙을 만들어낼 수 있는, 구성규칙으로 이루어진 제도가 우리에게 없다면 제도적 사실을 뒷받침하는 구성규칙은 어떻게 존재할 수 있는가?

  구성규칙에 관한 논리형식의 경우, 역설의 형태를 취하지 않고서도 문제를 진술할 수가 있다. 구성규칙이 존재한다는 그 자체가 제도적 사실일 수는 없지만 이는 적어도 관찰자 상대적 사실이기는 하다. 이로부터 구성규칙은 이미 행위자의 의식과 지향성에 의존하는 것이 되며 더불어서 다음의 의문이 생긴다. 이 때의 의식과 지향성은 정확히 어떤 구조를 가지며 어떤 장치가 이에 합당한 의식내용을 갖기 위해서는 얼마나 복잡해야 하는 것일까?

　역설에 대한 해결책은, 내가 생각하기에 다음과 같다. 인간에게는 사물에 지위기능을 부여할 수 있는 능력이 있다. 지위기능의 부여는 "X는 C라는 맥락에서 Y로 간주된다"라는 형식으로 나타낼 수 있다. 원시적인 예에서는 지위기능을 부여하는 데 기왕에 성립된 절차나 규칙이 요구되지 않으며, 따라서 가장 단순한 경우에서는 구성규칙 형태로서의 일반적 절차 없이도 지위기능은 부여될 수 있다. 다음의 예를 생각해보자. 원시 부족 구성원들이 그들 중 한 명을 추장이나 지도자로 여긴다고 가정하자. 이 경우 그들 스스로 자신들이 하고 있는 일을 온전히 의식하고 있지 않거나 심지어 '추장' 이나 '지도자' 라는 말 자체를 가지고 있지 않을 것으로 짐작할 수 있다. 그저, 그의 의견을 묻지 않고서는 어떤 결정도 내리지 않고, 그의 발언은 의사결정과정에서 특별한 무게를 지니며, 다툼이 있는 상황에서 사람들은 그의 말에 귀 기울이고 그의 말에 복종하며, 전투에서 그의 지도를 따르는 등의 상황을 가정해보자. 이 모든 특성들이 그가 지도자임을 구성하며 리더십은 곧 그에게 부여된 지위기능에 해당한다. 이 기능은 대상의 물리적 구조에 따라 생겨난 것이 아니다. 그들은 그에게 지위를, 그리고 그 지위와 함께 기능을 부여한 것이다. 그는 이제 그들의 지도자로 '간주'

된다.

　지위기능을 부여하는 관례가 정식화되고 확립되면 비로소 구성규칙이 된다. 만약 그 부족이 어떤 대상을 이러저러한 특성을 가졌다는 이유로 해서 지도자로 받아들였고 또 누구든 그를 승계하기 위해서는 같은 특성을 가져야 한다고 정했다면, 그들은 지도자의 지위에 대한 구성규칙을 세운 것이다. 구성규칙이 공적으로 활용될 수 있어야 한다는 것은 매우 중요하다. 왜냐하면 지위기능의 본질상 그 역할을 수행하는 데 집단에 의한 승인이 필요하기 때문이다. 그런데 집단적 승인에는 제도적 사실이 인정될 수 있게끔 하는, 앞서 받아들여진 절차가 있어야 한다. 이에 해당하는 분명한 예가 언어이다. 우리에게는 말하고 질문하고 또 약속을 할 수 있게 해주는 절차가 있다. 이들이 타인에게 전달될 수 있는 방식을 취할 수 있는 것은 온전히, 공적으로 승인된 구성규칙 덕분이다. 그러나 구성규칙이 존재하기 위해서 다른 구성규칙이, 적어도 무한퇴행에 빠질 만큼 필요하지는 않다. 따라서 애초의 퍼즐에 대한 해결책은, 정식화된 관례가 구성규칙이 될 수 있음을 인정하는 것이다. 가장 단순한 경우에서는 구성규칙이 없어도 지위기능은 부여될 수 있다.

　지위기능과 관련해서 주목해야 할 점이 두 가지 있다. 첫째로 지위기능은, 그것이 긍정적인 것이든 부정적인 것이든 간에 언제나 권력과 관련되어 있다는 점이다. 재산이 있거나 결혼을 한 사람은, 그렇지 않다면 가지지 않았을 힘, 권리, 의무 따위를 가진다. 이 힘은 좀 특이한 것이어서 전기력이나 타인을 제압할 때 사용하는 단순한 물리력과는 다르다. 자동차 엔진이 갖는 힘과 부시가 대통령으로서 갖는 힘은 전혀 다른 것인데도 둘 다 '힘'이라고 불리는 것은 내가 볼 때 말장난 같기도 하다. 차의 엔진이 갖는 힘은 물리적인 힘이다. 이에 반해 제도적 사실을 구성하고 있는 힘은 권리, 의무, 책임, 약속, 인가, 요건, 허가, 특권 등의 문제이다. 이 같은 힘은 승인되고, 인정되고, 받아들여지는 경우에 한해서만 존재할 수 있다. 이와 같은 종류의 힘을 의무권력deontic powers이라고 부를 것을 제안한다. 제도적 사실은 언제나 의무권력에 관한 문제이다.

두 번째로 주목할 점은, 지위기능과 관련해서 언어와 기호가 현상을 기술하는 기능에 머물지 않고 기술되고 있는 현상 자체를 부분적으로 구성한다는 점이다. 어째서 그런가? 부시를 대통령이라고 말할 때 이는 비가 온다는 진술과 마찬가지로 결국 하나의 사실을 말한 것뿐이다. 그런데도 비가 온다는 것에 관해서보다 부시가 대통령이라는 것에 관해 진술할 때 언어가 사실에 대해 더 구성적이 되는 이유는 무엇일까? 이 점을 이해하기 위해서는, X에서 Y로의 변환이라는 것의 본질이 무엇인지를 이해할 필요가 있다. 이 변환을 통해 해당 대상은 특정 지위를 가지는 것으로 간주되는데 이는 본래부터 그 대상에게 내재해 있던 것이 아니고 우리의 태도 때문에 가능하게 된 것이다. 언어가, 물리적 사실이나 다른 종류의 사회적 사실 혹은 지향적 사실 일반에 대해서는 그렇지 않으면서도 제도적 사실에 대해 구성적이 되는 이유는, X에서 Y로의 변환, 즉 C라는 맥락에서 X는 Y로 간주된다는 형식의 변환이, 언어에 의해 그런 것으로서 표현되는 한해서만 가능한 것이기 때문이다. X항에는 없으면서 Y항에만 있는 물리적 특성은 없다. Y항은 단지 특정한 방식으로 X항을 다시 표현한 것일 뿐이다. 10달러 지폐는 종잇조각이고 대통령은 한 인간이다. 이들이 갖는 새로운 지위는 그것이 존재한다고 표현된 경우에 한해서만 존재한다. 그러기 위해서는 표현할 수 있는 장치가 있어야 한다. 그 장치는 X현상이 Y라는 지위를 갖는다, 라고 표현할 수 있는 표현체계, 혹은 적어도 어떤 상징체계여야 한다. 부시가 대통령이기 위해서는 사람들이 그를 대통령이라고 생각할 수 있어야 하는데 이때 그 생각의 수단은 언어적인 것이거나 상징적인 것일 수밖에 없다.

그런데 언어는 어떤가? 언어 자체가 제도적 사실이 아니던가? 그러니 그것의 제도적 지위를 표현할 수단은 없어도 되는 게 아닐까? 언어는 실로 기본적인 사회제도라고 할 수 있는데 여기서 기본적이라는 뜻은 언어가 다른 사회적 제도의 존재를 위해 필수적이라는 의미 외에도 언어적 요소는 말하자면, 그 자체로서 언어적인 것으로 확인될 수 있다는 의미에서 그렇다. 아이들은 유아기에 접하는 언어를 습득하도록 능력을 타고난다. 언어적 요소가 스스로 언어적인 것으로서 확인될 수 있는 이유는, 우리가 그것을 언어적인 것으로 취급토록 하는 문화에서 성장한다는 것과 더불어, 그것을 언어적인 것으로 다룰 수 있는 생득적 능력을 가지고 있다는 것 때문이다. 그러나 화폐, 자산, 결혼, 정부, 대통령 따위는 언어와 달리 그처럼 스스로 확인될 수 없다. 이들의 정체를 확인하기 위해서는 수단이 필요한데 그 수단은 상징적인 것이거나 언어적인 것이다. 나도 그렇게 말한 적이 있지만, 언어의 일차 기능은 의사소통이라고들 흔히 얘기한다. 타인과 대화하기 위해, 그리고 제한된 경우이지만 생각하는 동안 스스로와 대화하기 위해 언어를 사용한다. 그러나 언어에는 그 이상의 역할이 있다. 바로 모든 제도적 실재를 언어가 부분적으로나마 구성하고 있다는 것이다. 이는 저자가 『언화행위Speech Acts』(1969)를 쓸 당시만 해도 생각지 못했던 것이다. 어떤 것이 화폐, 자산, 결혼, 정부가 될 수 있기 위해서는 사람들이 그에 합당한 생각을 가지고 있어야 한다. 그러기 위해서는 생각을 위한 도구가 필요한데, 그 도구는 본질적으로 상징적이거나 언어적인 것이다.

  지금까지, 언어와 관련해서 정치권력이 갖는 본질을 탐색하는 데 필요한 기본적 착상의 요지를 훑어보았다. 어떤 의미에서 우리의 작업은 아리스토텔레스적인 것이라고 할 수 있다. 사회적 사실이라고 하는 속屬으로부터 점차적인 명세화를 거쳐 정치적 실재라고 하는 종種에 이르기까지, 우리가 찾고 있는 것은 조금씩 더 정제된 차이점differentia이다. 바야흐로 이를 할 수 있는 지점에 이르렀다. 그러나 우리가 추구하는 것이 아리스토텔레스적 접근을 특징짓는 본질주의는 아님을 상기할 필요가 있다.

# 02

## 정치권력의 패러독스:
## 정부와 폭력

다양한 종류의 제도적 기구들이 갖는 차이점에 대해 지금까지의 설명은 꽤 중립적이었다. 이 때문에 정부 또한 특별할 것 없이, 가족이나 결혼, 교회, 대학 등과 마찬가지로 그저 하나의 제도에 불과한 것이라고 치부하기 쉽다. 하지만 대부분의 조직화된 사회에서 정부는 궁극의 제도기구로 여겨진다. 물론 정부권력은 자유민주주의에서부터 전체주의까지 매우 다양하다. 어떤 형태를 취하든 정부는 가족, 교육, 화폐, 경제 일반, 사유재산, 심지어 교회까지 포함해서 여타의 모든 제도적 기구들을 규제하는 힘을 갖는다. 정부는 지위기능체계 중에서 가장 대단한 것으로 받아들여지는 경향이 있는데 이는 가족이나 교회에 비견할 만하다. 실제로, 민족국가가 한 사회의 집단적 충성의 궁극적 핵심으로 부상한 것은 지난 수세기 동안 일어난 가장 놀라운 문화적 변화들 중 하나이다. 일례로 사람들은 캔자스 시티나 비트리 르 프랑수아를 위해 싸우거나 목숨 바치려 하지는 않아도 미국이나 독일, 프랑스나 일본을 위해서는 기꺼이 싸우고 목숨을 바쳐왔다.

 그렇다면 정부는 어떻게 해서 이와 같은 위상을 가지게 되었을까? 하나의 지위기능체계일 따름인 정부가 어떻게 해서 여타 지위기능에 대해 우월한 위치를 점할 수 있게 되었을까? 이 질문에 대한 해답의 실마리 중에서 아마도 가장 중요한 것은, 정부가 일반적으로 조직화된 폭력에 대해 독점권을 행사하고 있다는 점에서 찾을 수 있을 것이다. 게다가 정부는 경찰과 군대를 독점하고 있는 덕분에 영토를 사실상 통제한다. 이는 기업이나 교회, 스키클럽은 하지 못하는 일이다. 영토를 통제하고 조직화된 폭력을 독점함으로써 정부는 경쟁하는 지위기능체계 중에서 궁극적 권력으로서의 역할을 담보받게 된 것이다. 정부의 패러독스는 바로 이것이다. 정부권력은 하나의 지위기능체계이며 따라서 집단적 수용 여하에 달려 있다. 그런데 이 집단적 수용은 그 자체가 폭력에 기초한 것은 아니나 군대와 경찰이라는 형태로 폭력의 위협이 지속될 때에만 계속 기능할 수 있다.

군대권력이나 경찰권력은 정치권력과는 분명히 다르다. 그러나 경찰권력과 군대권력 없이는 정부나 정치권력은 있을 수 없다. 이에 대해서는 나중에 더 얘기하겠다.

어떻게 보면, 예전의 정치철학자들이 주권을 논할 때 다루고자 했던 것이 바로 궁극적 지위기능체계로서의 정부이다. 그런데 주권이라는 개념은 이행성transitivity을 내포하고 있기 때문에 다소 모호하다. 적어도 민주사회에서는 주권체계에서 이행성이 나타나는 경우가 드물기 때문이다. 독재하에서는 A가 B를 통제할 수 있고 B가 C를 통제할 수 있으면, A는 C를 통제할 힘도 가진다. 그러나 민주주의사회에서 이것은 실제로 가능하지 않다. 미국에서는 입법부, 행정부, 사법부 간에, 그리고 이들 세 부처와 시민들 간에 헌법이 규정하는 복잡한 관계가 존재한다. 따라서 주권에 대한 전통적 개념은 고전적 정치철학자들이 기대했던 것만큼 유용하지 않을 수 있다. 그렇지만 정부를 설명하기 위해 궁극적 지위기능권력이라는 개념은 불가피해 보인다.

지면이 제한된 관계로, 정치권력의 핵심 내용을 번호를 매긴 몇 가지 명제들로 요약하고자 한다.

1. 모든 정치권력은 지위기능의 문제이며 따라서 모든 정치권력은 의무권력이다.

의무권력에는 권리와 의무, 책임, 인가, 허가, 특혜, 권한 등이 있다. 대통령이나 국무총리, 연방의회나 대법원 등이 갖는 권력에서부터 지역 당수와 마을 협의회가 갖는 권력에 이르기까지, 이들이 갖는 권력은 모두 승인된 지위기능을 가지고 있다는 것에서 비롯된다. 또한 이들 지위기능에는 의무권력이 부여된다. 그러므로 정치권력은 군대권력이나 경찰권력 혹은 강자가 약자에 대해 행사하는 원초적인 물리적 힘과는 구분된다. 점령군에게는 해당 국가의 시민을 통제할 힘이 있겠지만, 그 힘은 원초적인 물리적 힘에 기반을 둔 것이다. 침략자 집단의 내부에서도 인정된 지위기능체계라는 것이 있어서 예컨대 그들의 군대 안에 정치적 관계가 있을 수 있지만 점령을 당한 이들과 점령자의 관계는, 점령당한 이들이 점령군의 지위기능을 정당한 것으로 인정하고 받아들이지 않는 한 정치적일 수 없다. 점령당한 이들이 점령군의 지위기능을 타당한 것으로 받아들이지 않은 채 그들의 명령을 따르는 것은, 두려움과 조심스러움 때문이다. 그들은 욕구 의존적desire dependent 이유[i]에 따라 행동하는 것이다.

정치권력을 비롯해서 군대권력, 경찰권력, 경제권력 등 여러

---

[i] * 승인된 의무권력, 예컨대 정치권력에 의해 부여되는 '욕구 외적 행동 이유'에 대비시킨 언급으로 보인다.

형태의 권력들이 상호작용하며 서로 겹치기도 한다는 것을 잘 알고 있다. 이들 권력 사이에 명확한 경계가 있다고 생각해본 적은 없다. '정치'라는 단어를 '경제'나 '군대'와 구분해서 일반적인 용법으로 사용하는 것에 대해서도 나는 그다지 신경 쓰지 않는다. 다만, 의무권력에서의 존재론이 물리적 힘이나 자기 이해에 기반을 둔 권력의 존재론과는 다른 논리적 구조를 지니고 있다는 점을 지적하고 싶을 따름이다.

지위기능체계에 수반되는 동기의 형태는 우리의 정치개념에서 긴요한 부분이므로 이에 대해 짧게 덧붙이겠다. 역사적으로 볼 때 동기 형태의 중요성에 대한 인식은, 고전적 사회계약론자들을 추동했던 근저에 깔린 직관이었다. 정치적 실재를 유지하는 데 필수적인 의무체계를 만들어낼 어떤 근원적인 약속 없이는 정치적 의무체계, 그리고 정치사회 자체가 형성될 수 없다는 것이 사회계약론자들이 가진 생각이었다.

2. 모든 정치권력은 지위기능의 문제이므로 모든 정치권력은, 위로부터 행사되지만, 아래로부터 나온다.

지위기능체계는 집단적 수용을 필요로 하기 때문에 모든 참된 정치권력은 아래로부터 나온다. 이는 민주주의에서뿐만 아니라 독재에서도 그렇다. 예를 들면 히틀러나 스탈린은 보안의 필요성에 끊임없이 집착했는데, 그들은 자신의 지위기능체계에 대한 수용을 현실의 일부로서 당연하게 여길 수가 없었다. 그 수용은 계속되는 거대한 상벌체계와 공포에 의해 유지될 수밖에 없었다.

　공산주의의 붕괴는 20세기 후반의 가장 놀라운 정치적 사건이다. 집단 지향성의 체계가 지위기능체계를 더 이상 유지할 수 없게 되었을 때 공산주의는 붕괴하였다. 남아프리카공화국에서의 인종분리정책Apartheid 폐지는 보다 작은 규모에서 지위기능이 붕괴한 경우이다. 내가 아는 한, 두 경우 모두에서 지위기능체계가 붕괴한 핵심적 이유는 관련된 사람들 중 다수가 수용을 철회했기 때문이다.


3. 개인은 집단 지향성에 참여할 수 있기 때문에 모든 정치권력의 근원이 되지만 그럼에도 대부분의 개인은 자신에게 아무 힘도 없다고 느낀다.


　대부분의 개인은 존재하는 권력이 어떤 방식으로든 자신에 의해 좌우된다고는 생각지 않는다. 혁명가에게 계급의식이나 프롤레타리아트 일체감, 학생 연대감, 여성의 의식고양과 같은 집단 지향성 계발이 그토록 중요한 것은 이 때문이다. 정치권력의 전 체계가 집단 지향성에 기초하고 있기 때문에 기존의 집단 지향성과 모순되는 대안의 집단 지향성을 만들어내면 그 정치권력은 파괴될 수 있다.

나는 지금까지 지위기능과 그에 따르는 의무권력이 사회적·정치적 실재의 구성에서 하는 역할을 강조해왔는데, 이로부터 자연스럽게 다음의 질문이 따른다. 이들은 어떤 방식으로 작동하는가? 지위기능과 의무권력에 관한 이 모든 것이 내가 투표를 하거나 소득세를 낼 때 어떻게 작용한다는 것인가? 어떻게 해서 인간의 실제 행동에 대해 동기를 부여한다는 것인가? 동물과 달리 인간만이 욕구 외적 이유를 만들어내고 그에 근거하여 행동할 수 있다. 우리가 아는 한 고등 영장류에게도 이 능력은 없다. 이 점이 정치적 존재론을 이해하는 하나의 실마리가 될 것으로 본다. 인간에게는 욕구 외적 행동 이유에 의해 동기를 부여받는 능력이 있다. 이는 4번 명제로 이어진다.

4. 정치적 지위기능체계가 작동할 수 있는 것은 적어도 부분적으로는, 승인된 의무권력이 욕구 외적 행동 이유를 제공하기 때문이다.

욕구 외적 행동 이유가 행위자의 의도에 의해 만들어지는 것이라고들 일반적으로 생각한다. 약속을 하는 것이 가장 대표적인 예일 것이다. 그러나 정치적 존재론과 정치권력을 이해하는 열쇠 중 하나는 지위기능체계 전체를 욕구 외적 행동 이유를 제공하는 체계로 보는 것이다. 행위자, 즉 정치적 공동체의 시민이 지위기능을 정당한 것으로 인정하면, 그에 따라 그 행위자는 무엇인가를 할 욕구 외적 이유를 가지게 된다. 이것 없이는 어떤 조직화된 정치적·제도적 실재도 있을 수 없다.

우리가 설명하려 하는 것은 인간과 다른 사회적 동물 간의 차이점이다. 그 차이점을 설명하려면 우선 제도적 실재를 규정해야 한다. 제도적 실재는 지위기능의 체계이며 그 지위기능에는 언제나 의무권력이 따른다. 예를 들어보자. 버클리에 있는 내 사무실 옆방은 철학과 학과장실이다. 그런데 학과장이라는 지위기능은 그 사람에게, 그 지위가 아니었다면 해당되지 않았을 권리와 의무를 부여한다. 이런 방식으로 지위기능과 의무권력에는 긴밀한 연계가 있다. 이제 두 번째 핵심으로 넘어가서, 나와 같은 의식적 행위자가 어떤 지위기능을 인정하면 이로써 그는 자신의 즉각적 욕구와는 독립된 행동이유를 갖게 된다. 학과장이 내게 위원회의 위원이 되어달라고 부탁했을 때, 위원회라는 것이 지루하기도 하고 또 거절한다고 해서 내게 하등의 불이익이 없다 해도 학과장으로서의 그의 지위를 내가 인정한다면 나는 그 부탁을 고려할 이유를 갖게 되는 것이다.

좀더 일반적인 예로, 누군가를 오전 아홉 시에 만나기로 했으면 그날 아침에 기분이 내키지 않더라도 내게는 그렇게 해야 할 이유가 있다. 의무가 그것을 요구하기 때문에 나는 그렇게 하고 싶어할 이유가 있는 것이다. 동물과 달리 인간 사회에서는 모든 이유가 욕구로부터 나오는 것이 아니며, 오히려 이유가 욕구를 야기할 수 있다. 약속은 가장 알기 쉬운 예이다. 다른 사람에게 무언가를 약속하면 그것을 이행할, 욕구와는 무관한 이유가 생긴다. 그러나 정치적 실재에 관련된 것인 한, 약속을 하거나 책임을 맡게 될 때와는 달리 욕구 외적 행동 이유를 만들어낼 때 그것을 명시적으로 규정할 필요가 없음을 이해할 필요가 있다. 일련의 제도적 사실이 유효하고 또 그에 따라야 한다는 것을 인정하기만 하면 욕구 외적 행동 이유는 생겨난다. 최근의 중요한 예를 보자. 2000년도 선거 이후 많은 미국인들은 부시를 대통령으로 맞이하기를 꺼려했다. 어떤 이들은 그가 지위기능을 부당하게 얻었다고까지 생각했다. 그러나 적은 수의 예외를 제외하고는 대부분의 미국인이 부시의 의무권력을 계속 인정했고, 그렇지 않았더라면 원했을 리 없는 행동들의 이유를 받아들였다. 이는 미국의 의무권력구조에서 매우 중요한 점이다.

지금까지의 내 얘기가 틀린 것이 아니라면 논의로부터, 모든 정치적 동기가 자기 이해나 신중함에서 비롯된 것은 아니라고 결론 내릴 수 있다. 이는 정치적 동기와 경제적 동기를 비교해

봐도 알 수 있다. 정치권력과 경제권력의 논리적 관계는 매우 복잡하다. 경제체계와 정치체계는 모두 지위기능체계이다. 정치체계는 정부조직, 정당, 이익집단 등으로 구성된다. 경제체계는 부를 창출하고 분배하며 이를 지속시키는 경제기구로 구성된다. 이 둘은 논리적 구조에서 유사하지만 합리적 동기를 유발시키는 체계로서는 흥미롭게도 서로 다르다. 경제권력은 대부분 경제적 보상과 인센티브 그리고 불이익을 제공하는 것과 관련된다. 가난한 사람들보다 부자들이 더 많은 권력을 쥐게 되는 것은, 부자가 지불할 수 있는 것을 가난한 사람이 원하고 가난한 사람은 다시 부자에게 그들 부자들이 원하는 것을 주기 때문이다. 정치권력도 이와 비슷할 때가 있지만 항상 그런 것은 아니다. 만약 정치지도자가 더 큰 보상을 제공할 수 있는 한에서만 권력을 행사할 수 있는 경우라면, 비슷하다고도 할 수 있을 것이다. 이 때문에 정치적 관계와 경제적 관계가, 서로 같은 논리구조를 갖는 것으로 취급하는 혼란스러운 이론들이 많이 생겨났다. 그러나 욕구에서 출발하는 이와 같은 행동이유는, 그것이 비록 의무체계에 속해 있는 것일지라도 의무론적인 것이라고 하기는 어렵다. 중요한 것은, 정치권력의 핵심이 의무권력이라는 점이다.

5. 지금까지의 분석에 따르면 정치권력과 정치적 리더십은 분명히 다르다.

대략적으로 얘기해서, 권력은 사람들로 하여금 원하든 원치 않든 어떤 행동을 하게 만들 수 있는 능력이라고 할 수 있다. 리더십은 사람들로 하여금 그들이 원하지 않던 것을 원하게 만드는 능력이다. 그러므로 동일한 정치적 위치와 동일한 공식적 지위기능을 가졌다고 하더라도 효과적인 지도자와 그렇지 못한 지도자는 차이가 난다. 그들이 처한 '공식적' 의무권력지위는 같지만 '유효한' 의무권력지위는 서로 다르다. 루즈벨트Roosevelt와 카터Carter가 지닌 공식적 의무권력은 같은 것이었다. 둘 다 미국 대통령이었고 민주당의 당수였다. 그러나 루즈벨트는 헌법이 부여한 권력을 뛰어넘는 의무권력을 유지하였기 때문에 카터보다 더 효과적으로 일을 수행할 수 있었다. 그렇게 할 수 있는 능력이 정치적 리더십의 일부다. 나아가 효과적인 지도자는 자리에서 물러나서도 계속 권력을 행사하고 비공식적인 지위기능을 유지할 수 있다.

6. 정치권력은 지위기능의 문제이므로, 정치권력은 대부분 언어적으로 성립된다.

정치권력은 대체로 의무권력이라고 얘기했다. 그 권력은 권리와 의무, 책임, 인가, 허가 등과 관련되며 특별한 존재론을 가진다. 부시가 대통령이라는 것과 비가 오고 있다는 것 간에는 논리구조에서 큰 차이가 있다. 비가 온다는 것은 하늘에서 떨어지는 물방울과 그 물방울의 기상학적 이력과 관련된 사실들로 성립되는데 반해 부시가 대통령이라는 것은 좀 다른 방식을 취한다. 후자를 성립시키는 것은 언어적 현상임이 분명한 복잡한 집합체이다. 후자의 경우, 언어 없이는 성립할 방도가 없다. 예로 든 사실에서의 요체는, 미국인들이 부시를 대통령으로 생각하고 받아들인다는 것, 그에 따라 애초의 승인에 동반되는 의무권력 전 체계를 받아들인다는 것이다. 지위기능은 존재하는 것으로 표현되는 한에서만 존재하며 그러기 위해서는 표현수단이 필요한데 대부분의 경우 이는 언어적인 것이다. 정치적 지위기능에 관련된 경우 표현수단은 거의 예외 없이 언어이다. 한 가지 강조하고 싶은 것은, 표현되는 내용이 의무권력의 논리적 구조가 갖는 내용과 꼭 일치할 필요는 없다는 점이다. 부시가 대통령이기 위해 미국인들이 "C에서는 X가 Y로 간주된다는 공식에 따라 부시에게 지위기능을 부여했다"라고 생각할 필요는 없다. 실제로는 그랬을 테지만 말이다. 그러나 사람들이 뭔가를 생각할 수 있기는 해야 한다. 미국인들이 그저 그를 대통령이라고 생각하면 이런 생각들만으로 지위기능은 충분히 유지된다.

7. 한 사회가 정치적 실재를 갖기 위해 필요한 특성이 몇 가지 더 있다. 첫째, 사적 영역과 공적 영역 간의 구분이 있으면서 정치는 공적 영역에 포함된다는 점, 둘째, 비폭력적인 집단 간 갈등이 존재한다는 점, 셋째, 그 갈등은 의무체계 내에서 공공재를 두고 발생하는 것이어야 한다는 점 등이다.

정치적 사실을 그 밖의 다른 사회·제도적 사실과 구분케 하는 차이점을 제시하겠다고 앞서 말한 바 있다. 하지만 지금까지 논의해온 존재론은, 폭력과 관련한 중요한 예외를 제외하고는 종교나 조직화된 스포츠와 같은 비정치적 체계에도 적용될 수 있을 것이다. 이들 역시 집단적 형태의 지위기능을 가지며 그에 따른 집단적 의무권력을 가지기 때문이다. 그렇다면 의무권력체계들 가운데서 정치라는 개념이 갖는 특별한 점은 무엇일까?

어떤 본질주의를 주장하려는 것이 아니다. 정치라는 것은 가족 유사성[ii] 개념임에 틀림없다. 정치의 본질을 정의할 수 있는 필요조건이나 충분조건의 집합이란 있을 수 없다. 하지만 다소

---

[ii] 비트겐슈타인, 『철학적 탐구』.

간의 전형적 특성은 있는 것 같다. 첫째, 정치개념을 위해서는 사적 영역과 공적 영역을 구별할 필요가 있는데 정치는 대표적인 공적 영역에서의 활동이다. 둘째, 정치의 개념에는 집단 간 갈등이라는 개념이 필요하다. 그렇다고 해서 모든 집단갈등이 정치적인 것은 아니다. 조직화된 스포츠에도 집단갈등이 있지만 그 갈등이 정치적인 것이 아니다. 정치적 갈등의 핵심은 그것이 공공재를 둘러싼 갈등이라는 점이며 이들 공공재 중 다수는 의무권력을 포함한다. 예를 들어, 임신중절권은 낙태에 대한 여성의 법적 권리라는 의무권력과 관련되기 때문에 정치적 이슈라고 할 수 있다.

8. 무장폭력에 대한 독점은 정부의 핵심 전제이다.

이미 언급했듯이, 정치의 패러독스는 다음과 같다. 정치체계가 기능할 수 있기 위해서는 집단 지향성을 공유하는 한 무리의 구성원들 중 충분한 다수가 일련의 지위기능들을 승인해야 한다. 그러나 일반적으로 정치체계 내에서 그러한 지위기능들의 집합은 무장폭력에 의한 위협으로 뒷받침될 때에만 작동할 수 있다. 이는 정부를 교회나 대학, 스키클럽, 악대 등과 구분케 하는 특징이다. 정부가 궁극의 지위기능체계로서 스스로를 유지할 수 있는 것은 물리적 폭력이라는 위협을 지속하기 때문이다. 민주사회의 '기적'은, 정부를 구성하는 지위기능체계가 의무권력을 통해서 군대와 경찰을 구성하는 지위기능체계를 통제할 수 있게 되었다는 점이다. 이런 집단적 승인이 철회되면 1989년 동독의 예에서와 같이 정부는 붕괴한다.

# 03

## 2장의 결론

 다른 종류의 집단적 동물 행동과 구별되는, 인간의 정치적 실재가 갖는 특징을 설명하고자 한 것이 이 장에서 목표한 것이라고 이해해도 좋을 것이다. 이 문제에 대한 답을 제안하면서 나는 여러 단계를 거쳤다. 사회적 실재뿐만 아니라 제도적 실재까지 만들어낼 수 있다는 점에서 인간은 다른 동물과 구별된다. 제도적 실재는 무엇보다 의무권력체계라고 할 수 있다. 의무권력은 조직화된 사회를 위한 중요한 실마리를 제공하는데 그것은, 행위자로 하여금 욕구 외적 행동 이유를 창출하고 그에 근거해서 행동할 수 있게 한다는 점이다.

욕구 외적 행동 이유의 체계 내에서도 정치만이 갖는 특징으로는, 정치개념이 사적 영역과 공적 영역의 구분을 필요로 하며 정치는 특히 공적 영역에 속한다는 점, 정치개념에는 비폭력적으로 해결되는 집단 간 갈등이 필요한데 그 갈등은 공공재를 둘러싼 것이어야 한다는 점 등이 있다. 그리고 이 체계 전체는 무장폭력의 실질적 위협에 의해 뒷받침된다. 정부권력이 경찰권력이나 군대권력과 같은 것은 아니나 경찰과 군대 없이 존재하는 정부는 드물다.

**옮긴이의 말**

## 인간의 자유와 신경생물학, 그리고 자아의 문제

"인간은 우주와 어떻게 그리고 어디까지 정합적인 존재일 수 있는가?"라는 물음 속에는 저자가 천착해오고 있는 고민의 핵심과 현대 심리철학의 중심 주제가 요약되어 있다. 이에 대해 저자는, 그 가능한 해법이 어떤 모습을 띠게 될지를 검토하고 더불어 이 문제가 보다 자연주의적인 설명에 정초할 수 있게끔 신경생물학적 실험을 통해 검증할 수 있는 형태를 갖추도록 하는 것이 자신의 의도라고 밝히고 있다.

저자는 우선 인간이 스스로를 특징짓는 것으로 여기는 경험적 특성, 예컨대 의식을 가지고 있고 자유롭게 의지를 발휘해서 행동을 결정하며 제도적이고 정치적인 실재를 구축하는 등에서 경험되는 특성을 '실재하는 현상'으로서 받아들인다. 그렇다고 해서 이들 특성이 삼인칭적 존재론의 것으로 환원될 수 있다고는 보지 않는다. 왜냐하면 이들의 존재론은 주관적이고 일인칭적인 것이기 때문이다. 또한 이들 특성이 실재하는 현상이라면 그에 상응하는 실체가 별개의 계가 아닌, 바로 우리가 살고 있는 이 세계의 일부로서 존재해야 한다고 추정한다. 이는 수직적 대응관계 내지 신경생물학적 상관자의 존재에 대한 주장이며 마음-신체 문제에 대한 저자 나름의 해법이기도 하다.

수직적 결정 문제가 자유의지에 대해 갖는 함의는 무엇일까? 이에 대한 입장 가운데 하나는 에드워즈 언명, "수직적 결정과 수평적 인과 사이에는 긴장이 있다. 수직적 결정은 수평적 인과를 배제한다"(Kim J., 2005, 하종호 옮김)에서도 엿볼 수 있는데 신이 세계의 지속적인 원인이라고 보는 일종의 신학적 결정론이다. 신의 위치에 물物을 대입시킨 것이 물리적 환원주의라고 할 수 있겠다. 그러나 수직적 결정이라는 말에는 오해의 소지가 있다. 시간의 경과 없이 원인과 결정의 관계가 성립할 수는 없기 때문이다. 자유의지 문제는 저자의 진단대로 시간 내의 현상으로서 수평적 결정의 문제이다.

그렇지만, 물질(과 법칙)이 세상에 존재하는 유일한 것이며 의식은 그것에 수반하는 현상임을 받아들이는 경우, 인과관계라는 오해는 벗더라도 의식의 지위는 여전히 그것의 수반 기초인 물질법칙에 귀속되게 된다. 공시적인 구성상태에 관한 것이건 통시적인 변화과정에 관한 것이건 이 모두는 애초 나의 의지와는 상관없는 물질계의 속성일 뿐이라는 주장이 가능하기 때문이다. 변화가 있더라도 물질계의 변화이며 마음이 그것에 수반하는 한 의지를 포함하는 의식현상 역시 자연의 법칙을 꼼짝없이 따라야 할 것이다. 결국 '의지하는 뇌'를 인정해야 할 것 같다.

그렇다면 선택의 여지 혹은 간극의 경험으로서 노정되는 '자유의지'는 어떻게 신경생물학적인 실재를 가질 수 있을까? 분석과정에서 저자는, 간극이 경험에서뿐만 아니라 행동의 이유를 설명하는 언어적 관례에도 내재해 있으며 이유설명의 논리형식상 '자아'의 개념이 요구된다는 사실에 주목한다. 저자에 의하면 자아는 의식적 작인(作因)과 의식적 합리성을 합친 것이다. 관련해서 두 가지 가설을 검토하는데 이는 곧 '합리적 비결정론'에 대한 타진이기도 하다. 저자는 제1가설에 좀더 승산이 있는 것으로 보는 듯하지만 사실 어느 쪽도 온전히 만족스럽지는 않다.

시간을 축으로 해서 선행상태가 후행상태를 전적으로 결정한다면 최초의 원인을 제외하고는 존재하는 어떤 것도 원인으로 개입할 여지를 갖지 못할 것이다. 의지작용을 주체가 원인이 되어 사물의 변화과정에 개입하는 것이라고 이해한다면, 세계가 인과적으로 결정론적인 한 자유의지는 그저 감感에 그치는 부수현상일 뿐이다. 그러나 자연과학이 드러내는 세계의 모습은 그 안에 운동과 변화와 확률이 있을지언정 전적으로 결정론적이거나 전적으로 임의적이지 않다. 정신이 물질 및 그 법칙의 산물이라고 해서 자유의지가 활동할 공간으로서의 자유도가 전적으로 배제될 이유는 없다. 양자적 임의성 자체가 자유의지를 담보하는 것은 아니지만 임의성은 적어도, 선행인자 없이 생겨나는 현상이 없다는 사실이 곧 궁극의 원인만이 유일한 의지자일 수 있음을 필함하는 것은 아닐 수 있도록 허용한다.

저자에 의하면 자유의지의 경험은 곧 '간극'의 경험이다. 그렇다면 간극의 본질은 무엇일까? 간극이 드러나는 상황을 저자는 '이유에 근거해서 의식적으로 행동하고 또 그 행동이 그 이유에 근거하고 있다는 사실을 내가 의식적으로 알고 있는 이상적인 경우'라고 여러 차례 확인하는데 이때 간극을 체험하는 주체는 다름 아닌 '의식적이고 합리적이며 반성하고 결정하고 행동하는, 그리하여 책임까지 질 수 있는 하나의 동일한 실체'로서의 '자아'이다. 그런데 체험되는 간극의 폭과 강도는 '자아'의 경계를 어떻게 설정할지에 따라 가변적일 수밖에 없다. 이성적인 자아가 약해지고 원시적이고 정서적이며 본능에 충실한 자아가 전면으로 나서서 행동을 포섭하는 경우 이전과는 다른 자아감을 가지게 될 것이며 이때 간극의 체험 역시 달라질 수밖에 없을 것이다. 명시적인 자아감 혹은 반성적 의식에 포착되기 이전의 추동이 있음을 우리는 경험으로 알고 있다. 그러한 추동 및 그것에 의한 행위를 나의 것으로 받아들이는 과정은 그 행위에 대한 작인을 획득하는 과정이기도 하고 그 추동자 역시 나의 일부로 인정하는 과정이기도 하다. 저자가 염두에 둔 의미에서의 간극이 '합리적' 의사결정과정과 '이유설명'의 논리 형식에서 동시에 발견되는 이유를 여기서 찾을 수 있을 것 같다. 간극의 문제, 곧 자유의지의 문제는 자아의 경계를 어떻게 설정할지를 선결과제로 가진다.

제도적·정치적 실재의 분석은 '존재하는 것이라고 우리가 인정하는 한에서만 존재할 수 있는 성격의 것임에도 불구하고, 완벽히 객관적으로 보이는 일군의 사실이 존재 가능한 이유'를 묻는 질문에서 출발한다. 구성규칙에 따라 대상에 지위기능을 부여함으로써 그 대상으로 하여금 의무권력을 행사할 수 있게 하는 것이 저자가 이해하는 제도적 실재의 성립과정이다. 지위기능의 부여는 집단적 승인을 전제로 하는데, 그 집단은 '나'를 포함한 것일 수도 있고 아닐 수도 있다. '우리'라고 하는, '확대된 자아'에게 그 대상은 존재론적으로 주관적이지만 집단으로부터 '나'를 분리하면 그 대상은 곧 '객관적 사실'로 존재하게 된다. "의무가 그것을 요구하기 때문에 나는 그렇게 하고 싶어 할 이유가 있다"라는 주장이나 "인간은 언어를 사용함으로써 행위에 대한 욕구 외적 이유를 만들어낼 수 있다"라는 주장을 살펴보면 저자가 (개체적, 혹은 집단적) 자아를 어느 층위에 위치한 것으로 파악하고 있는지가 짐작된다. 저자가 상정하고 있는 자아는 '언어'로써 현상을 직조하고 합리적 판단과정을 통해 결정 내리는 통합된 주체로서의 자아이다. 그런데 앞의 두 주장을 다시 들여다보면 모순된 것들이 병치되어 있어서 혼란스럽다. 예컨대 '하고 싶어할 이유'는 욕구에 의한 이유인가 아니면 욕구 외적 이유인가. 어디까지가 행위자의 욕구인가. 자유의지의 분석에서부터 정치적 실재의 분석에 이르기까지 이같은 모순과 한계는 역설적이게도 저자의 견해에 일관성을 부여하고 있다.

저자가 '자아'를 위치시키고 있는 장소 혹은 자아의 경계를 긋는 지점 자체의 문제인 것 같지는 않다. 그보다는 자아를 어떤 '고정된'(층위의) 심리적 실재로 받아들이는 데에 문제가 있는 것 같다. 자아의 특성을 이렇게 고정된 것으로 이해하는 한 이를 토대로 한 '자유의지'의 분석은 모순에 빠지는 것이 불가피해 보인다. '실재하는 의식현상'으로서 '자아'가 갖는 실제 모습은 중층구조를 가진, 균질하지 않은 열린계에 오히려 가깝기 때문일 것이다. '자아'는 또한 하나의 개체에 전속되지 않고 '집단'으로 경계가 확대되기도 하는 동적인 성격의 것이다. 진화적·발생적·발달적 조건들과 현재 처해 있는 환경에 의해 행동의 양식이 어느 정도 패턴화되어 외부와 구별되는 주체로서의 '자아'가 성립하고 그것의 영향하에 있는 생각이나 행동의 변화를 그 '자아'에 귀속시킬 수 있다면 이 변화는 곧 그 주체의 자유의지에 의한 변화라고 해야 할 것이다. 이것을 정교한 환상이라고 여긴다고 해서 틀렸다고 단정할 수는 없으나 그러기 위해서는 자아감, 나아가 감각질이나 의식 일반 또한 환상이어야 한다. 어느 입장을 택하든 이는 선택의 문제로 남을 것 같다.

이 책은 심리철학과 언어철학의 권위자인 존 설 교수의 『Freedom and Neurobiology』를 번역한 것이다. 저자가 밝히고 있듯이 책은 강연노트를 기초로 만들어졌다. 저자의 관심은 사회, 정치철학을 아우른다. 분량이 적은 책임에도 불구하고 워낙 광범위한 주제를 그것도 강연이라는 축약된 형식을 빌려 담아낸 것이다 보니 배움이 부족한 역자로서는 저자의 정확한 의도를 파악하기가 쉽지 않았다. 일생을 연구에 매진해온 저자의 철학적 역정에 이 역서가 혹시라도 누가 되지는 않을까 염려스러운 마음이 크다. 궁리출판의 관계자분들과, 부족한 사람에게 지금도 많은 가르침을 주시는 서울대학교 인지과학 선생님들께 깊이 감사드린다.

2010년 3월<br>
강신욱

| 찾아보기 |

간극 66~79
  행동에 대한 설명과 간극 73~79
  경험에서의 간극 79
  언어적 관례에서의 간극 79~80
  간극과 합리적 비결정론 104
결정론 및 관련 논변들 64~65
관찰자-독립적 특성 119
관찰자-의존적 특성 119
구성규칙 123~129
  구성규칙과 정식화된 관례 129
  구성규칙의 논리형식 127~128
구성의 오류 106
권력 135~140
  집단에 의한 수용과 권력 140
  의무권력 53, 130
  정치권력 49~53, 135~140, 145~146

기능부여 123~124
기본적 사실 13
데카르트, 르네 43
뒤르켐, 에밀 122
러셀, 버트런드 44
롤스, 존 24, 26, 115
무어, 조지 44
물질주의 35
보편자 문제 41
부수현상론 93~98
  부수현상론과 반사실적 조건문 96
비트겐슈타인, 루드비히 44, 80
사실 물리적 사실 125
  제도적 사실 125~127
  정치적 사실 147
삼원론 38~39

선험적 논변 81
수 42
스페리, 로저 70
아리스토텔레스 121
양자 비결정론 65, 106
　　양자 비결정론과 임의성 106
　　합리성과의 관계 106
언어 18
　　언어의 구성적 기능 130~132
에클스, 존 37
오스틴, 존 44
욕구 외적 이유 21
　　욕구 외적 이유와 정치적 존재론 141~144
의무권력 53, 130
의식 정의 15
　　기본적 사실과 의식 15
　　인과적 효력을 갖는 의식 69~72, 95~96
　　존재론적으로 환원 불가능한 의식 71
　　신경생물학과의 관계 89~91
의식을 가진 로봇 93, 100
이원론 14
인식적 객관성 119~120
인식적 주관성 119~120
자아 51, 79, 82, 102

자아 존재의 유도 76
　　성립 요건 102
자유의지 결정론과 자유의지 64
　　행동선택의 여지와 자유의지 61
　　간극의 경험과 자유의지 66
　　자유의지와 착각 67
　　자유의지와 마음-신체 문제 59, 109
　　시간 내 현상으로서의 자유의지 92
　　자유의지 문제 21, 57
　　자유의지와 양자 비결정론 65
정부 조직화된 폭력과 정부 136
　　지위기능체계로서의 정부 135~137
정치권력 49~53, 135~140, 145~146
　　정치권력과 리더십 145
　　언어적으로 성립되는 정치권력 145
정치적 실재 관찰자 의존적인 정치적 실재 120
　　존재론적으로 주관적인 정치적 실재 120
　　정치적 실재의 가능성 118
제논의 역설 46
존재론적 객관성 120
존재론적 주관성 120

지위기능  52, 124
  지위기능과 권력  129~130
지향성  17~18
짐멜, 게오르크  122
집단 지향성 18
  생물학적으로 타고난 집단 지향
    성  121~122
  집단 지향성과 계급의식
    140~141
칸트, 임마누엘  64, 81
콰인, 윌러드  41
쾰러의 침팬지  123
파리스의 심판  85~87
펜로즈, 로저  37, 39
포퍼, 카를  37, 39
프레게, 프리드리히  37, 39, 47
플라톤  115
하버마스, 위르겐  37
합리성  합리성과 지향성  19
  합리성과 언어  19, 30
환원주의  36
흄, 데이비드  25, 51

## 신경생물학과 인간의 자유

1판 1쇄 찍음 2010년 6월 10일
1판 1쇄 펴냄 2010년 6월 15일

**지은이** 존 설
**옮긴이** 강신욱

**주간** 김현숙
**편집** 변효현, 김주희
**디자인** 이현정, 전미혜
**영업** 백국현, 도진호
**관리** 김옥연

**펴낸곳** 궁리출판
**펴낸이** 이갑수

**등록** 1999. 3. 29. 제300-2004-162호
**주소** 110-043 서울시 종로구 통인동 31-4 우남빌딩 2층
**전화** 02-734-6591~3
**팩스** 02-734-6554
**E-mail** kungree@kungree.com
**홈페이지** www.kungree.com

ⓒ 궁리출판, 2010. Printed in Seoul, Korea.

ISBN 978-89-5820-188-5    93400

값 9,000원